DAS NATURBILD DER NEUEN PHYSIK

VON

ARTHUR HAAS
DR. PHIL., A.O. PROFESSOR
DER UNIVERSITÄT WIEN

ZWEITE, WESENTLICH VERMEHRTE
UND VERBESSERTE AUFLAGE

MIT 17 FIGUREN IM TEXT
UND AUF ZWEI TAFELN

BERLIN UND LEIPZIG 1924
WALTER DE GRUYTER & CO.
VORMALS G. J. GÖSCHEN'SCHE VERLAGSHANDLUNG - J. GUTTENTAG, VERLAGSBUCHHANDLUNG - GEORG REIMER - KARL J. TRÜBNER - VEIT & COMP.

Druck von Metzger & Wittig in Leipzig.

Aus dem Vorwort zur ersten Auflage.

Die vorliegende Schrift stellt eine Reihe von Vorträgen dar, die zunächst im Winter 1919/20 vor Laien in der Wiener Urania gehalten wurden und dann nochmals im Sommersemester 1920 in einer für Hörer aller Fakultäten bestimmten Vorlesung an der Leipziger Universität.

Das Naturbild der modernen Physik sollte in diesen Vorträgen in möglichst leicht verständlicher Weise und ohne alle mathematischen Formeln geschildert werden. Dabei war ich bestrebt, nicht mehr zu bringen, als zu der Gewinnung eines anschaulichen und übersichtlichen Bildes notwendig ist, während ich alles Übrige (Tatsachen sowohl als auch Namen) in den Vorträgen absichtlich verschwieg. Nur kleine Zusätze, die in unmittelbarem Zusammenhange mit Stellen der Vorträge stehen, wurden als Anmerkungen am Ende der Schrift hinzugefügt.

Leipzig, im Juli 1920.

Arthur Haas.

Vorwort zur zweiten Auflage.

Gegenüber der ersten Auflage dieses Buches erscheint die zweite insofern in ihrem Inhalt wesentlich vermehrt, als durch die Hinzufügung neuer Vorträge über die Theorie der Grundstoffe, über die Physik der Sterne und über das Weltall die Zahl der Vorträge von fünf auf acht erhöht wurde. In dem Vortrag über die Relativitätstheorie hat die EINSTEINsche Gravitationstheorie eine eingehendere Darstellung gefunden; in den übrigen Vorträgen wurden die Fortschritte berücksichtigt, die in vielen Fragen die physikalische Forschung seit dem Erscheinen der ersten Auflage zu verzeichnen hat.

Herr Dr. Josef WEBER, Assistent der Universitätssternwarte in Leipzig, war so gütig, das Manuskript des siebenten und achten Vortrags eingehend durchzusehen und mich dabei durch viele wertvolle Ratschläge zu unterstützen. Herr Universitätsdozent Dr. Robert W. LAWSON in Sheffield ließ mir viele wertvolle Verbesserungsvorschläge gelegentlich der von ihm besorgten Übertragung des Buches ins Englische zukommen. Beiden Herren sei für ihre große Freundlichkeit auch an dieser Stelle herzlichst gedankt, und ebenso Herrn cand. phil. Guido BECK in Wien, der die Korrekturbogen der neuen Auflage einer sehr sorgfältigen Durchsicht unterzog.

Wien, im November 1923.

Arthur Haas.

Inhaltsverzeichnis.

Erster Vortrag.

Die elektromagnetische Theorie des Lichtes.

Seit dem Beginne des zwanzigsten Jahrhunderts hat unser Naturbild durch die großartigen Fortschritte der theoretischen Physik eine völlige Neugestaltung erfahren. In den Grundlagen der Naturlehre hat sich eine radikale Umwälzung vollzogen. Tief eingewurzelte Vorstellungen sind als unhaltbare Vorurteile durchschaut und ausgerottet worden. Die ältesten Begriffe der Naturphilosophie haben ihre Bedeutung geändert. Früher nie geahnte Zusammenhänge haben sich der physikalischen Forschung erschlossen. Unser Naturbild hat sich in großartiger Weise erweitert und dabei doch vereinfacht und vereinheitlicht.

Vorbereitet wurde diese neueste, so stürmische und dabei doch so erfolgreiche Entwicklung der Physik durch zwei Theorien, die bereits in der zweiten Hälfte des neunzehnten Jahrhunderts entstanden waren und deren jede einen großen Fortschritt in dem Streben nach einer einheitlichen Physik bedeutete. Die eine von MAXWELL geschaffene Theorie führte die Erscheinungen des Lichtes auf solche der Elektrizität zurück und machte damit die Optik zu einem Zweige der Elektrizitätslehre. Die andere Theorie erklärte die Phänomene der Wärme durch die Annahme einer ständigen Bewegung der kleinsten Körperteilchen und machte damit, indem sie zugleich deutlich die außerordentliche Fruchtbarkeit des atomistischen Prinzipes erkennen ließ, die Wärmelehre zu einem Zweige der Mechanik. Am Ende des neunzehnten Jahrhunderts vollzog sich die Erweiterung der MAXWELLschen Theorie zu der Elektronentheorie, die uns in der Elektrizität den Urstoff aller Dinge, in kleinen elektrischen Ladungen die Bausteine der Materie erkennen ließ.

In Erweiterung und Fortbildung des atomistischen Prinzips hat die Quantentheorie zu großen Erfolgen vor allem in der Erklärung der Spektren geführt und dadurch wertvolle Aufschlüsse über den inneren Aufbau der Atome der Grundstoffe geliefert. Die Relativitätstheorie bewirkte eine ganz neue Auffassung des Wesens von Raum und Zeit und führte in ihrer Verallgemeinerung zu einer neuen Auffassung der Gravitation.

In engem Zusammenhang mit den Errungenschaften der modernen Physik vollzogen sich gewaltige Fortschritte in unserer Erkenntnis der Sterne, und dadurch erfuhren wiederum unsere Vorstellungen über den Bau des Weltalls eine in ihrer Großartigkeit früher nie geahnte Erweiterung.

Der von MAXWELL geschaffenen elektromagnetischen Theorie des Lichtes soll der erste der Vorträge gelten, in denen eine leichtverständliche Darstellung des modernen physikalischen Naturbildes versucht werden soll.

Wie in jedem Zweige der Physik, so gibt es auch in der Optik gewisse Grunderscheinungen, von denen wohl seit den ältesten Zeiten die geradlinige Ausbreitung des Lichtes, seine Reflexion und seine Brechung bekannt waren.[1] Eine Fülle optischer Grundphänomene wurde in der zweiten Hälfte des siebzehnten Jahrhunderts entdeckt, so vor allem die Beugung des Lichtes, seine Doppelbrechung in Kristallen, die merkwürdigen Farben dünner Blättchen, die Farbenzerstreuung und schließlich die Tatsache einer ganz bestimmten Fortpflanzungsgeschwindigkeit des Lichtes. Mit der Frage nach der Natur des Lichtes beschäftigten sich damals ganz besonders die beiden führenden Physiker NEWTON und HUYGENS; und wenn sie auch (worauf hier nicht näher eingegangen werden soll) verschiedene Ansichten über die Natur des Lichtes vertraten[2], so stimmten sie doch in einer wichtigen Erkenntnis miteinander überein: daß nämlich das Licht ein sowohl räumlich als auch zeitlich periodisch verlaufender Vorgang sein müsse.

Eine solche doppelte Periodizität haben wir uns folgendermaßen vorzustellen. Fassen wir eine bestimmte Stelle im Raume ins Auge, so wiederhole sich an dieser Stelle eine bestimmte

Reihe von Zuständen periodisch; die Zahl, die uns angibt, wie oft in der Zeiteinheit die Aufeinanderfolge der Zustände wiederkehrt, bezeichnet man als die Schwingungszahl.[3] Anstatt die Zustände an derselben Stelle zu verschiedenen Zeiten zu vergleichen, können wir aber auch die Zustände an verschiedenen Stellen in demselben Augenblick vergleichen. Wir denken uns hierzu von einer Stelle aus eine Gerade gezogen und vergleichen nun (indem wir gleichsam eine Momentphotographie vornehmen) die Zustände miteinander, die an verschiedenen Stellen längs dieser Geraden vorhanden sind; wir haben dann eine räumliche Aneinanderreihung von Zuständen längs dieser Geraden. Ist nun der Vorgang so beschaffen, daß die zeitliche Aufeinanderfolge der Zustände an einer und derselben Stelle dieselbe ist wie die räumliche Aneinanderreihung längs einer solchen Geraden in einem bestimmten Augenblick, dann bezeichnen wir im weiteren Sinne des Wortes einen solchen Vorgang von doppelter, räumlicher und zeitlicher Periodizität als Welle.[4] Längs einer Geraden oder, wie man auch sagt, längs eines Strahles findet sich dieselbe Aufeinanderfolge von Zuständen periodisch in bestimmten Distanzen wieder, die man die Wellenlänge nennt. Im übrigen ist die Fortpflanzungsgeschwindigkeit der Welle nichts anderes als das Produkt aus der Schwingungszahl und der Wellenlänge.

Die bekanntesten Beispiele von wellenartigen Vorgängen sind diejenigen, die in schwingenden Bewegungsvorgängen bestehen, die also beispielsweise dann hervorgerufen werden, wenn man einen Stein in einen Teich wirft oder in der Luft eine Pfeife ertönen läßt und dadurch die Luft in Schwingungen versetzt, die unser Ohr als Ton empfindet. Bis in die neueste Zeit war nun die Physik von dem Bestreben geleitet, alle physikalischen Erscheinungen womöglich auf Bewegungsvorgänge zurückzuführen.[5] Es ist daher begreiflich, daß HUYGENS auch die von ihm angenommenen Wellen des Lichtes als mechanische zu deuten suchte.[6] Da sich aber nun das Licht von der Sonne zu der Erde durch einen offenbar leeren Raum fortpflanzt, andererseits auch der ungeheuer große Wert der Lichtgeschwindigkeit[7] anders schwer erklärt werden könnte, so konnte das Licht nicht als wellenförmige Bewegung eines gewöhnlichen Stoffes angesehen werden. Es blieb daher HUYGENS nichts anderes übrig, als zum Träger der Lichtwellen jenen hypothetischen, mysteriösen Äther zu machen, den vor ihm schon andere Denker aus anderen Gründen ersonnen hatten.[8] Wie in festen oder flüssigen Körpern sollten nach der Vorstellung von HUYGENS auch im Äther auf elastischen Schwingungen beruhende mechanische Wellen möglich sein, die wir eben als Licht empfänden.

Es ist das große und bleibende Verdienst von NEWTON und HUYGENS, daß sie zuerst die räumlich-zeitliche Periodizität und damit (im weiteren Sinne dieses Wortes) die Wellennatur des Lichtes erkannt haben. Daß die optischen Wellen im besonderen als mechanische aufgefaßt wurden, das ist zwar historisch durch die damals mechanisierende Tendenz der Physik begründet, das war aber keineswegs notwendig. Denn für die großen Fortschritte, die die theoretische Optik bis zu MAXWELL ja tatsächlich vollbrachte, hätte die von NEWTON und HUYGENS gewonnene Erkenntnis der räumlich-zeitlichen Periodizität des Lichtes auch dann vollkommen ausgereicht, wenn man die Frage nach der wahren Natur dieser doppelt periodisch verlaufenden Vorgänge noch in Schwebe gelassen und sich nicht voreilig für die spezielle Annahme entschieden hätte, daß die optischen Vorgänge mechanisch-elastischer Natur seien.

Welch außerordentlich einfache Erklärung das Prinzip der räumlich-zeitlichen Periodizität des Lichtes auch für recht komplizierte optische Phänomene zu erbringen vermag, das wurde nun besonders klar, als zwischen 1808 und 1820 eine neue Gruppe von optischen Erscheinungen entdeckt wurde, die man unter der Bezeichnung der Polarisationsphänomene zusammenfaßt. Diese Phänomene fanden eine sehr einfache Erklärung durch die optische Wellenhypothese, aber erst, nachdem diese eine wichtige und wesentliche Ergänzung durch die besondere Annahme von der Transversalität der Lichtwellen erfahren hatte.

Um diesen Begriff in seiner modernen Bedeutung zu erklären, ist es nötig, vorerst einen anderen Begriff zu besprechen, der für die neuere Physik von der größten Wichtigkeit ist; es ist dies der Begriff der Vektorgröße. Wenn wir etwa sagen, daß an einem Orte die Temperatur 15 Grad betrage, so ist durch diese Angabe einer einzigen Zahl die Temperatur an dem Orte vollkommen bestimmt, sobald eine bestimmte Skala zur Messung der Temperatur gegeben ist. Aber es gibt in der Physik auch Größen, die durch die Angabe einer einzigen Zahl noch keineswegs vollständig bestimmbar sind; es gibt Größen, die uns erst dann bekannt sind, wenn wir außer ihrem Betrag auch noch ihre Richtung kennen. Solche Größen sind beispielsweise die Geschwindigkeit, die Beschleunigung, die Kraft; sie haben die Eigentümlichkeit, daß man sie durch gerichtete Strecken von bestimmter Länge und bestimmter Richtung symbolisch darstellen kann. Da man nun gerichtete Strecken in der Geometrie Vektoren nennt, bezeichnet man solche physikalische Größen, die durch gerichtete Strecken symbolisch darstellbar sind, als Vektorgrößen.[9]

Aus den experimentellen Beobachtungen über die vorhin erwähnten optischen Polarisationserscheinungen ergab sich nun mit zwingender Notwendigkeit folgendes merkwürdige Resultat: Der optische Zustand an einer Stelle muß durch eine sich periodisch ändernde Vektorgröße darstellbar sein, die jedoch stets senkrecht steht auf der Fortpflanzungsrichtung des Lichtes; darum spricht man eben von einer Transversalität der Lichtwellen.[10]

Die auf diese Vorstellung gegründete und vor allem durch Fresnel in dem zweiten und dritten Jahrzehnt des 19. Jahrhunderts ausgestaltete Theorie des Lichtes führte zu großartigen Erfolgen. Aber gleichwohl hatte sie ihre schwache Seite, die allmählich eine Quelle der ärgsten Verlegenheiten wurde. Fresnel faßte nämlich, wie schon Huygens, die Lichtwellen als mechanische Wellen auf. (Die sich periodisch ändernde Vektorgröße wäre nach Fresnels Auffassung einfach die gerichtete Strecke, die man von der sogenannten Ruhelage eines schwingenden Ätherteilchens zu seiner augenblicklichen Aufenthaltsstelle zieht.) Die Lichtwellen wären also nach der Auffassung, die durch einen großen Teil des 19. Jahrhunderts die herrschende blieb, durch die Elastizität des Äthers bedingt; und da ergaben sich nun eben unüberwindbare Schwierigkeiten, weil die Vorstellung rein transversaler Wellen in schroffstem Widerspruch stand zu den Ergebnissen der Elastizitätstheorie und zu den Eigenschaften, die man wiederum aus anderen Gründen dem hypothetischen Äther zuschreiben mußte.[11] So sehr sich auch die elastische Lichttheorie FRESNELS bei der Erklärung komplizierter optischer Phänomene bewährte, so völlig unhaltbar und widerspruchsvoll waren ihre Grundlagen. Denn die Annahme der Wellennatur und der Transversalität des Lichtes war richtig, hingegen war die spezielle Vorstellung falsch, daß diese Wellen mechanisch-elastisch sein müßten.

Es ist das unvergängliche Verdienst des englischen Physikers MAXWELL, dies zuerst erkannt, zugleich aber auch zuerst die wahre Natur des Lichtes erschaut zu haben; MAXWELLS Werk bestand in der Verschmelzung der Optik mit der Elektrizitätstheorie.

Die Elektrizitätslehre war bis gegen das Ende des 18. Jahrhunderts lediglich die Lehre von der Reibungselektrizität gewesen. In den letzten Jahren des 18. Jahrhunderts erfolgte die Entdeckung der elektrischen Ströme. Im Jahre 1820 entdeckte OERSTED die Tatsache des sogenannten Elektromagnetismus, nämlich die Tatsache, daß ein elektrischer Strom in seiner Umgebung ein Magnetfeld erzeugt. Elf Jahre später, im Jahre 1831, glückte FARADAY die ungemein bedeutungsvolle Entdeckung der Induktionsströme; diese entstehen in einem geschlossenen Leiter dann, wenn sich ein Magnetfeld, in dem sich der Leiter befindet, ändert, sei es nun, daß dieses Magnetfeld von einem eigentlichen Magneten herrührt oder von einem anderen elektrischen Strom erzeugt wird.

Auf die Gesetze, die die Erscheinungen des Elektromagnetismus und der Induktionsströme beschreiben, gründete sich die exakte Theorie der elektrischen und der magnetischen Vorgänge; und diese Theorie hat nun MAXWELL im Jahre 1873 durch eine neue Hypothese von der allergrößten Tragweite ergänzt. In Anknüpfung an Vorstellungen von FARADAY nahm nämlich MAXWELL an, daß es ebensowohl wie in Drähten auch im leeren Raum und in elektrischen Isolatoren eine Art elektrischer Ströme geben müsse, die er (aus hier nicht näher zu erörternden Gründen) als Verschiebungsströme bezeichnete.[12] Diesen Verschiebungsströmen schrieb nun MAX-

WELL ganz dieselben Eigenschaften zu, wie sie bei geschlossenen Leiterströmen in Drähten beobachtet werden. Auch die Verschiebungsströme sollen ein Magnetfeld erzeugen, auch sie sollen durch Induktion hervorgerufen und beeinflußt werden, auch sie sollen selbst induzierend wirken.

Die Einfügung dieser Hypothese in die Theorie der Elektrizität und des Magnetismus führte aber nun auf rein deduktivem Wege zu den wunderbarsten Folgerungen. Durch mathematische Schlußweise ergab sich nämlich aus der Hypothese der Verschiebungsströme die theoretische Möglichkeit von elektromagnetischen Wellen, die aber im Gegensatz zu elastischen Wellen rein transversal sein müßten. Wie hat man sich nun solche elektromagnetische Wellen zu denken? Zur Beantwortung dieser Frage wird es zweckmäßig sein, zunächst einen für die theoretische Physik sehr wichtigen Begriff abzuleiten, nämlich den der elektrischen Feldstärke.

Befindet sich irgendwo ein elektrisch geladener Körper, so erzeugt er infolge seiner Ladung ein sogenanntes elektrisches Feld, das sich darin äußert, daß eine in seine Umgebung gebrachte sogenannte Probeladung eine anziehende oder abstoßende Kraft erfährt. Diese Kraft ist nach dem Grundgesetz der Elektrostatik (dem COULOMBschen Gesetz) der Größe der Probeladung proportional; der Quotient aus dem Betrage der Kraft und der Größe der Probeladung ist daher von der Probeladung selbst unabhängig. Man nennt ihn die elektrische Feldstärke an der betreffenden Stelle. Die Feldstärke ist eine Vektorgröße in dem früher angegebenen Sinn; und zwar ist ihre Richtung identisch mit der Richtung der Kraft, die an der betreffenden Stelle auf eine positiv elektrische Probeladung wirkt.[13]

Wenn nun die elektrische Feldstärke, die an einer Stelle vorhanden ist, ihren Betrag oder ihre Richtung oder beides periodisch ändert, so sagt man, daß an der betreffenden Stelle elektrische Schwingungen auftreten. (Man nennt diese, wie nur nebenbei erwähnt sei, linear, wenn sich nur der Betrag periodisch ändert, zirkular oder kreisförmig, wenn sich nur die Richtung ändert, elliptisch, wenn sich sowohl der Betrag als auch die Richtung ändert.) Wenn derart an einer Stelle eine bestimmte Reihe von Werten der elektrischen

Feldstärke (nach Betrag und Richtung) zeitlich-periodisch wiederkehrt, dann ergibt sich nun aus der MAXWELLschen Theorie der Verschiebungsströme, daß dieselbe Folge von Werten der Feldstärke auch in einem beliebigen Augenblick längs einer von der Stelle aus gezogenen Geraden räumlich-periodisch aneinander gereiht erscheinen muß. Ein solcher Vorgang von doppelter, räumlicher und zeitlicher, Periodizität wird aber nun eben nach dem früher Gesagten als eine elektrische Welle zu bezeichnen sein. Dem Begriff der elektrischen Feldstärke ist durchaus der der magnetischen Feldstärke analog; ebenso entsprechen den Begriffen der elektrischen Schwingungen und der elektrischen Wellen die Begriffe der magnetischen Schwingungen und der magnetischen Wellen.

Auf rein deduktivem Wege vermochte nun MAXWELL auf Grund der schon vor ihm bekannten Gesetze des Elektromagnetismus und der Induktionsströme und auf Grund seiner neuen Hypothese der Verschiebungsströme folgende Eigenschaften der theoretisch möglichen elektrischen und magnetischen Wellen nachzuweisen: Jede elektrische Welle ist stets mit einer gleich rasch fortschreitenden magnetischen Welle als einer notwendigen Folgeerscheinung verbunden, wie auch umgekehrt keine magnetische Welle ohne eine elektrische möglich ist. Die magnetische Feldstärke steht stets senkrecht auf der elektrischen Feldstärke, und beide stehen senkrecht auf der gemeinsamen Fortpflanzungsrichtung. Die elektromagnetischen Wellen sind also rein transversal. Im Gegensatze zu den elastischen Wellen besitzen sie also die Eigenschaft, die notwendigerweise auf Grund der Polarisationserscheinungen den Lichtwellen zugeschrieben werden mußte.

Aber das merkwürdigste Ergebnis der MAXWELLschen Theorie ist der Wert, der sich für die Fortpflanzungsgeschwindigkeit der elektromagnetischen Wellen ergibt; und diese Frage hängt wieder auf das engste zusammen mit der Frage des Maßes einer elektrischen Stromstärke. Man kann nämlich auf zweierlei verschiedene Art die Stärke eines elektrischen Stromes definieren; einerseits nach der Elektrizitätsmenge, die in der Zeiteinheit den Querschnitt des Stromleiters passiert, andererseits nach der magnetischen

Kraft, die von dem Strome ausgeübt wird. So haben in der Tat schon vor MAXWELL die Physiker zwei verschiedene Maßsysteme für die elektrische Stromstärke und andere mit ihr zusammenhängende Größen gekannt, ein sogenanntes elektrostatisches und ein sogenanntes elektromagnetisches. Die Einheiten der Stromstärke sind in diesen beiden Systemen nicht gleich; aber auch ihr Verhältnis ist nicht etwa wie das Verhältnis zwischen Zoll und Zentimeter eine reine Zahl, sondern es stellt, wie die nähere Untersuchung zeigt, eine Geschwindigkeit dar.

Im Jahre 1856 ist es nun durch ein Verfahren, auf das hier nicht näher eingegangen werden soll, WILHELM WEBER (der auch als Erfinder der elektrischen Telegraphie bekannt ist) gelungen, dieses geschwindigkeitsartige Verhältnis auf experimentellem Wege zu ermitteln[14]; und da fand er nun für dieses Verhältnis einen Wert, der nur unmerklich von dem bekannten Werte der Lichtgeschwindigkeit abwich; so wenig, daß der geringe Unterschied der damaligen Unvollkommenheit der experimentellen Methode zugeschrieben werden mußte.

MAXWELLS theoretische Untersuchungen führten nun zu dem Ergebnis, daß die Fortpflanzungsgeschwindigkeit der elektromagnetischen Wellen in einer Substanz einerseits von dieser WEBERschen Konstanten abhänge, andererseits aber von solchen Konstanten, die das elektrische und magnetische Verhalten der betreffenden Substanz charakterisieren[15]; im leeren Raume müßte die Fortpflanzungsgeschwindigkeit gleich sein der WEBERschen Konstanten, die ja wiederum mit der Lichtgeschwindigkeit übereinstimmt. Dieses merkwürdige Ergebnis brachte MAXWELL auf den Gedanken, die Lichtwellen mit den von ihm als theoretisch möglich erkannten elektromagnetischen Wellen zu identifizieren, um so mehr, als die Transversalität der Lichtschwingungen, die der elastischen Lichttheorie ein unlösbares Rätsel gewesen war, sich aus den Grundlagen der MAXWELLschen Theorie mit mathematischer Folgerichtigkeit ergibt. Ein weiterer großer Vorzug der elektromagnetischen Lichttheorie war es aber auch, daß (worauf hier nicht näher eingegangen werden soll) die Erscheinungen der Reflexion und der Brechung des Lichtes sich aus der MAXWELLschen Theorie ohne Zuhilfenahme weiterer Annahmen erklären ließen; in der elastischen Lichttheorie FRESNELS war dies hingegen nur vermittels einiger, eigens zu diesem Zwecke ersonnener und höchst gekünstelter Hypothesen möglich gewesen.

Aus der MAXWELLschen Theorie ergab sich auch, daß eine einfache Beziehung bestehen müsse zwischen den Konstanten, die das optische, und denen, die das elektrische Verhalten von Substanzen kennzeichnen.[16] Daß diese aus der Theorie gefolgerte Beziehung in der Tat erfüllt ist, hat bald nach dem Bekanntwerden der MAXWELLschen Theorie BOLTZMANN durch Messungen an Gasen erwiesen. Der überzeugendste Beweis für die Richtigkeit der elektromagnetischen Lichttheorie wurde allerdings erst fünfzehn Jahre später, im Jahre 1888 durch die berühmten Versuche von HERTZ erbracht; denn aus ihnen ging hervor, daß in der Tat auf rein elektrischem Wege Wellen erzeugt werden können, die sich, wie mittels elektrischer Apparate nachgewiesen werden konnte, nach genau denselben Gesetzen und mit derselben Geschwindigkeit wie Lichtwellen ausbreiten und wie diese reflektiert, gebrochen, gebeugt, polarisiert und zur Interferenz gebracht werden können.

Um die theoretische Bedeutung der HERTZschen Versuche zu verstehen, müssen wir uns zunächst etwas mit der objektiven Bedeutung eines optischen Begriffes befassen, der subjektiven Ursprungs ist; es ist dies der Begriff der Farbe. NEWTON hat bereits erkannt, daß die Verschiedenheit der Farbenempfindung objektiv durch eine Verschiedenheit in der Periode des Lichtes bedingt sei; und er erkannte auch bereits, daß der relative Unterschied der bekannten Farben nicht sehr groß sein könne. Bei dem violetten Licht, das das eine Ende des sichtbaren Spektrums bildet, muß, wie schon NEWTON erkannte, die Periode ungefähr halb so groß sein wie bei dem roten Licht, das das Spektrum auf der anderen Seite begrenzt. Es wäre also umgekehrt bei dem violetten Licht die Schwingungszahl doppelt so groß wie bei dem roten. Ebenso wie in der Akustik von einem Tone, der eine doppelt so große Schwingungszahl hat wie ein anderer, gesagt wird, daß er um eine Oktave höher liege, so kann man dies auch in der Optik von zwei Farben sagen, deren eine

eine doppelt so große Frequenz hat wie die andere. Das sichtbare Spektrum, das von dem Roten bis zu dem Violetten reicht, umfaßt somit ungefähr eine Oktave.

Auf Grund der Wellentheorie des Lichtes vermochte zuerst zu Beginn des 19. Jahrhunderts der englische Physiker YOUNG die absoluten Werte der Wellenlängen und der Schwingungszahlen für die verschiedenen Farben zu ermitteln; er benutzte dabei die ihm bekannten Messungen an den sogenannten NEWTONschen Farbenringen, die beobachtet werden, wenn man eine schwach gekrümmte Linse auf eine Glasplatte legt. Die Wellenlänge beträgt für das sichtbare Licht zwischen 4 und 8 Zehntausendsteln eines Millimeters; die Schwingungszahlen, die diesen Wellenlängen entsprechen, sind, was ja auch in dem enormen Werte der Lichtgeschwindigkeit zum Ausdruck kommt, ungeheuer groß; sie betragen zwischen 400 und 800 Billionen in der Sekunde. Die Periode des sichtbaren Lichtes verhält sich also zu einer Sekunde ungefähr so wie diese zu einem Zeitraum von etwa zehn bis zwanzig Millionen Jahren.

Um dieselbe Zeit, da YOUNG so zuerst die Schwingungszahlen des Lichtes berechnete, erfuhr nun auch der Begriff des Lichtes selbst durch zwei wichtige experimentelle Entdeckungen nach zwei Seiten hin eine wesentliche Erweiterung. Im Jahre 1800 machte nämlich der berühmte Astronom HERSCHEL die merkwürdige Beobachtung, daß die Wärmewirkung des Sonnenlichtes nicht auf das eigentliche Spektrum beschränkt ist, sondern über das rote Ende des Spektrums hinaus reicht, ja ihr Maximum erst jenseits des roten Endes erreicht. HERSCHEL wurde so der Entdecker der ultraroten Strahlen. Zu derselben Zeit fand RITTER, daß sich andererseits die chemische Wirkung des Lichtes über das violette Ende hinaus erstreckt, ja jenseits des violetten Endes des Spektrums noch stärker ist als im Spektrum selbst; er wurde so der Entdecker der ultravioletten Strahlen.

Die Vervollkommnung der physikalischen Instrumente und Methoden hat seitdem eine sehr genaue Erforschung des ultraroten und ultravioletten Spektrums ermöglicht, wobei man eben die ultraroten Strahlen an ihrer Wärmewirkung, die ultravioletten an ihrer chemischen Wirkung erkennt. Zur

Feststellung der Wärmewirkung besitzt die Physik heute ungemein empfindliche Instrumente, die es ermöglichen, die Wärme einer Kerzenflamme noch in einer Entfernung von hundert Metern festzustellen[17]; zum Nachweise der ultravioletten Strahlen steht der Physik wieder ein äußerst empfindliches Instrument in der photographischen Platte zur Verfügung.

Während das sichtbare Spektrum nur eine Oktave umfaßt, ist man in der Erforschung des Ultraroten bis zu acht Oktaven jenseits des sichtbaren Spektrums vorgedrungen; die längste im Ultraroten festgestellte Wellenlänge beträgt etwas weniger als einen halben Millimeter. Jenseits des violetten Endes des Spektrums ist man um fünf Oktaven vorgeschritten bis zu einer Wellenlänge, die nur etwas mehr als den millionsten Teil eines Zentimeters beträgt. Rechnen wir also die ultraroten und ultravioletten Strahlen zu dem Lichte im weiteren Sinne des Wortes hinzu, so umfaßt dieses nach dem derzeitigen Stande der Forschung ungefähr vierzehn Oktaven, wovon acht auf das ultrarote, nur eine einzige auf das dem menschlichen Auge sichtbare und fünf auf das ultraviolette Licht entfallen; das Sehvermögen unseres Auges ist also sehr eng begrenzt.

Alle diese Lichtstrahlen des sichtbaren und unsichtbaren Spektrums mit Wellenlängen von dem etwa millionsten Teil eines Zentimeters bis zu einem halben Millimeter stellen nun nach der MAXWELLschen Theorie nichts anderes dar als elektromagnetische Schwingungen, und sie erscheinen dadurch in einen engen Zusammenhang gebracht mit den Oszillationen, die bei der Entladung einer Leidener Flasche schon 14 Jahre vor der Entstehung der MAXWELLschen Theorie der deutsche Physiker FEDDERSEN nachgewiesen hatte. FEDDERSEN zog das photographische Bild des Entladungsfunkens einer Leidener Flasche mittels eines sehr rasch rotierenden Spiegels auseinander und konnte so durch die Photographie nicht nur nachweisen, daß die Entladung einen oszillatorischen Charakter hat, er konnte auch die Zahl der Schwingungen in der Sekunde bestimmen. Er fand hierfür bei seinen Versuchen Werte von etwa 10000 bis 1000000 Schwingungen in der Sekunde. Nimmt man nun im Sinne der MAX-

WELLschen Theorie an, daß sich diese Schwingungen mit der Geschwindigkeit des Lichtes fortpflanzen, so würden dem Wellenlängen von der Größenordnung von Kilometern entsprechen; und mit Wellen von solcher Länge lassen sich experimentelle Beobachtungen natürlich nicht anstellen.

Es war nun das große Verdienst von HERTZ, daß er durch verschiedene Kunstgriffe die Schwingungszahl solcher elektrischer Entladungs-Oszillationen wesentlich erhöhte. Die Wellenlänge ließ sich dadurch bis auf einige Meter herabsetzen; und mit Wellen von dieser Länge konnte nun HERTZ bequem experimentieren und an ihnen, wie schon erwähnt, nachweisen, daß sie ganz dieselben Eigenschaften haben und dieselben Gesetze befolgen wie die Wellen des sichtbaren Lichtes. Seit den Versuchen von HERTZ, die bekanntlich die Grundlage der drahtlosen Telegraphie bilden, ist es allmählich gelungen, die Länge der durch elektrische Entladungen hervorgerufenen Wellen bis auf ein Fünftel Millimeter herabzusetzen, so daß die kürzeste bekannte elektrische Entladungswelle eine kleinere Wellenlänge aufweist als die längstwelligen im Ultraroten entdeckten Strahlen[18].

Wie sich an das Gebiet des Lichtes auf der einen Seite des Spektrums das Gebiet der elektrischen Entladungswellen reiht, so hat man nun in der letzten Zeit noch eine andere Art elektromagnetischer Wellen als solche erkannt; deren Gebiet liegt auf der anderen Seite des Spektrums, jenseits des äußersten Ultraviolett und ist von diesem einstweilen noch durch eine scheinbare Lücke von etwa drei Oktaven getrennt. Dieses Gebiet gehört den Strahlen an, deren Entdeckung durch RÖNTGEN im Jahre 1895 das größte Aufsehen in der ganzen Welt erregte.

Die Frage nach der Natur der Röntgenstrahlen ist lange ungeklärt geblieben. Wohl hatten die Physiker Grund zu der Vermutung, daß die Röntgenstrahlen eine dem Lichte verwandte Erscheinung darstellen. Aber es fehlte eine direkte Bestätigung der Vermutung, und vor allem sahen die Physiker zunächst keine Möglichkeit, im Falle der Richtigkeit der Vermutung auch wirklich die Wellenlängen von Röntgenstrahlen exakt zu bestimmen. Denn zur Messung von Wellenlängen bedient man sich in der Optik sogenannter Beugungsgitter.

Es sind dies (am besten konkave) Metallspiegel, auf die in gleichen, außerordentlich kleinen Abständen feine Spalte, bis zu zehntausend auf einen Millimeter, mittels eines Diamanten eingeritzt sind. Mit solchen Beugungsgittern können nach einer sehr einfachen Methode (auf die hier nicht eingegangen werden soll) Wellenlängen gemessen werden, wofern sie nicht größer und auch nicht wesentlich kleiner sind als der Abstand zweier benachbarter Spalte des Gitters.

Nun hatten die Physiker Gründe zu der Vermutung, daß die Wellenlängen der Röntgenstrahlen, wofern diese dem Licht ähnlich sind, etwa zehntausendmal kleiner sein müßten als die Wellenlängen des violetten Lichtes. Man würde somit zu der Bestimmung der Wellenlängen von Röntgenstrahlen Beugungsgitter benötigen, auf denen die Spalte in noch tausendmal kleinerem Abstande gezogen wären als auf den feinsten herstellbaren Beugungsgittern. Man würde Gitter brauchen, bei denen die Spalte so enge benachbart wären, daß Millionen auf einen Millimeter kämen. Die technische Unmöglichkeit, solche Gitter herzustellen, schien den Physikern fast jede Aussicht zu nehmen, je die Wellenlängen von Röntgenstrahlen zu bestimmen, als im Jahre 1912 LAUE auf den genialen Gedanken verfiel, statt künstlicher Gitter einfach Kristalle zu verwenden.

Die Mineralogen erblickten nämlich die Ursache der regelmäßigen Form der Kristalle in einer regelmäßigen Anordnung der Molekeln und Atome in den Kristallen.[19] Trifft diese Vorstellung zu, dann müßte aber, wie LAUE erkannte, ein Kristall infolge der regelmäßigen Anordnung seiner Teilchen ähnliche Wirkungen ausüben wie ein Beugungsgitter. Die Wirkungsweise wäre allerdings dadurch wesentlich kompliziert, daß in einem Kristall die den Spalten entsprechenden Stellen nicht wie bei optischen Gittern linear, sondern räumlich angeordnet sind. Andererseits folgte aus verschiedenen physikalischen Überlegungen, daß die Abstände der Molekeln im Kristall von der Größenordnung von weniger als dem millionsten Teil eines Millimeters sein müßten; das würde Wellenlängen entsprechen, die etwa zehntausendmal kleiner wären als die von violettem Licht, also gerade so groß wären, wie man es bei den Röntgenstrahlen vermutete.

Hieraus schloß nun LAUE, daß Röntgenstrahlen, wofern sie wirklich besonders kurzwellige elektromagnetische Wellen darstellen, durch Kristalle ähnlich gebeugt werden müßten wie gewöhnliches Licht durch die in der Optik gebräuchlichen Beugungsgitter; nur mit den Unterschieden eben, die dadurch bedingt sind, daß ein Kristall ein räumliches und nicht ein lineares Gitter darstellt. Eine photographische Platte, die hinter einem von Röntgenstrahlen getroffenen Kristall aufgestellt ist, müßte danach, wie LAUE erkannte, bei geeigneter Versuchsanordnung symmetrisch angeordnete schwarze Flecken zeigen, und aus der Lage der Flecke müßte es wiederum möglich sein, einerseits die Wellenlängen der aus

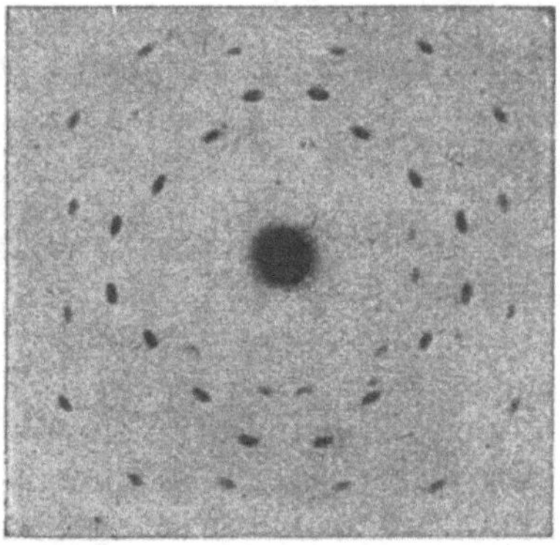

Fig. 1.

dem Kristall tretenden Röntgenstrahlen und andererseits auch die Struktur des benutzten Kristalls zu erkennen. LAUES theoretische Überlegungen wurden sehr bald durch das Experiment in glänzendster Weise bestätigt; die aus Kristallen austretenden Röntgenstrahlen riefen in der Tat auf der photographischen Platte die von LAUE vorausgesagten eigenartigen Bilder hervor (Fig. 1).

LAUES Entdeckung der sogenannten Interferenz der Röntgenstrahlen ist von der allergrößten Bedeutung für die neueste Entwicklung der Naturlehre geworden. Sie hat (wovon später die Rede sein soll) die Struktur der Kristalle enthüllt und dadurch der Kristallographie ganz neue Wege der Forschung erschlossen. Sie hat (wovon auch noch gesprochen werden soll) zu der Auffindung der Röntgenspektren geführt, die uns bereits in wenigen Jahren die wertvollsten Aufschlüsse über den inneren Bau der Atome geliefert haben. Die LAUEsche Entdeckung hat schließlich und vor allem auch die lang vergeblich gesuchte Klarheit über das Wesen der Röntgenstrahlen gebracht.

Aus den Ausmessungen mittels der Kristalle ging in der Tat hervor, daß die Wellenlängen der Röntgenstrahlen von der Größenordnung des hundertmillionsten Teiles eines Millimeters sind. Die mittels der Kristalle gemessenen Röntgenstrahlen umfassen ein Gebiet von etwa acht Oktaven[20], das von dem bisher als raschest schwingend bekannten ultravioletten Licht durch ein Grenzgebiet von etwa drei Oktaven

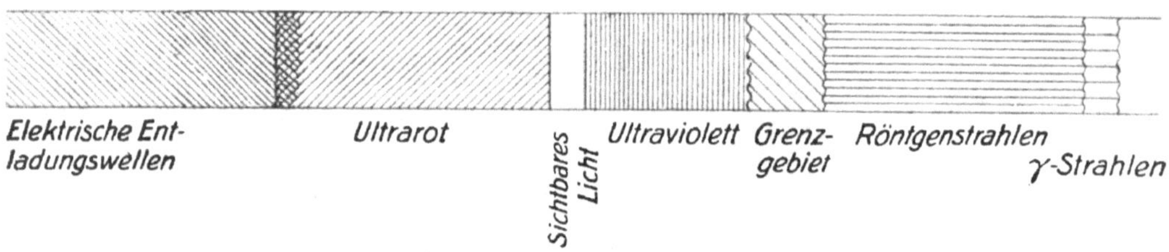

Fig. 2.

getrennt ist, in welchem Grenzgebiet aber zahlreiche Wellenlängen auf indirektem Wege gemessen werden konnten.[21] Bis zu einer Oktave höher als die kürzestwelligen Röntgenstrahlen konnte eine den Röntgenstrahlen verwandte Art von Strahlen gemessen werden, die (wovon noch die Rede sein wird) von radioaktiven Substanzen ausgesendet und die als Gamma-Strahlen bezeichnet werden.

Wie verschwindend klein erscheint so innerhalb der Gesamtausdehnung des Spektrums im heutigen Sinne das dem menschlichen Auge sichtbare Spektrum, das die Farben des Regenbogens von Rot bis Violett vereinigt! Es umfaßt ja nur eine einzige Oktave, während erst acht bis sechzehn Oktaven jenseits des Violett das Gebiet der Röntgenstrahlen, und etwa dreißig Oktaven jenseits des Rot das Gebiet der Wellen der drahtlosen Telegraphie liegt (Fig. 2). Für die subjektive Wahrnehmung erscheinen freilich die Wellen der drahtlosen Telegraphie, die ultraroten Wärmestrahlen, das sichtbare Licht, die chemisch wirksamen ultravioletten Strahlen und die Röntgenstrahlen als qualitativ verschiedene Phänomene. In objektiver Hinsicht sind sie ein und dasselbe, nämlich elektromagnetische Wellen, die untereinander nur quantitativ in der Periode verschieden sind. Die Möglichkeit und Notwendigkeit dieser elektromagnetischen Wellen beruht aber wieder, wie zuerst MAXWELL erkannt hat, letzten Endes auf den beiden Gesetzen, die die von OERSTED und FARADAY entdeckten Phänomene beschreiben, nämlich die Erzeugung eines Magnetfeldes durch einen elektrischen Strom und die Entstehung eines Induktionsstromes in einem veränderlichen Magnetfeld.

Zweiter Vortrag.

Die Molekularstatistik.

So alt wie alle theoretische Naturwissenschaft ist das Streben nach der Schaffung eines einheitlichen Naturbildes. Schon in der antiken Naturphilosophie hat darum dieses Streben zu einem Gedanken geführt, dessen außerordentliche Fruchtbarkeit gerade die neueste Entwicklung der theoretischen Physik deutlich offenbart hat. Es war der atomistische Gedanke, als dessen Schöpfer der große griechische Philosoph DEMOKRIT anzusehen ist.[1]

Das Bild, das der Mensch von der Natur durch seine Sinnesorgane empfängt, ist nicht nur beschränkt wegen des begrenzten Vermögens unserer Sinnesorgane; es ist auch kompliziert durch die Vielheit unserer Sinne. Schon die antike Naturphilosophie hat sich aber zu der Erkenntnis durchgerungen, daß die Mannigfaltigkeit des Naturbildes nur subjektiven Ursprungs sein könne; und darum stellte DEMOKRIT diesem komplizierten subjektiven Weltbild ein zweites absolutes, objektives gegenüber, in dem es nur eine einzige Art physikalischer Phänomene geben solle, nämlich die Bewegung. Soll aber nun alles physikalische Geschehen auf Bewegungen zurückgeführt werden, die uns wegen der Kleinheit der bewegten Objekte verborgen bleiben, dann mußte natürlich auch die Materie selbst in lauter unsichtbar kleine Teilchen aufgelöst gedacht werden.

Die weitere Entwicklung der Physik hat allerdings gezeigt, daß die von DEMOKRIT erhoffte restlose Zurückführung der gesamten Physik auf die Mechanik nicht verwirklicht werden kann. Wohl aber ist durch die moderne Physik zur

Gewißheit geworden, was bei DEMOKRIT nur eine kühne spekulative Hypothese war: daß die Materie aus sehr kleinen und in sehr rascher Bewegung begriffenen Teilchen zusammengesetzt ist; und seit etwa einem halben Jahrhundert ist in der Physik die Erkenntnis allgemein geworden, daß es eben diese unsichtbaren Bewegungen der Materieteilchen sind, die die Erscheinungen der Wärme hervorrufen.

Obwohl die ersten Anfänge der kinetischen Wärmetheorie bis in das 17. Jahrhundert zurückreichen[2], hat ihre exakte Ausgestaltung doch erst in der Mitte des 19. Jahrhunderts begonnen, und zwar in engem Zusammenhang mit der Auffindung des sogenannten ersten Hauptsatzes der Wärmelehre. Im Jahre 1842 machten ROBERT MAYER und JOULE die sehr bedeutungsvolle Entdeckung, daß bei der Erzeugung von Wärme durch mechanische Arbeit und ebenso bei dem umgekehrten Vorgang zwischen den ineinander verwandelten Mengen von Wärme und von mechanischer Energie ein konstantes Umwandlungsverhältnis besteht.[3] Diese merkwürdige Tatsache fand nun eine äußerst einfache Erklärung, wenn man in der Wärme nichts anderes als Bewegung erblickte; denn der Satz von der Erhaltung der mechanischen Energie bei reinen Bewegungsvorgängen war schon längst als notwendige mathematische Folge der NEWTONschen Bewegungsaxiome erkannt worden.[4] Bei der Erzeugung von Wärme durch Arbeit würde also nach der kinetischen Wärmetheorie ganz im Sinne der Mechanik die gesamte mechanische Energie als solche ungeändert bleiben; ändern würde sich lediglich die Verteilung des Gesamtbetrages der mechanischen Energie auf zwei Teilbeträge: auf den Teilbetrag, der uns bedingt erscheint durch die Bewegung der sichtbaren Körper im ganzen, und auf den Teilbetrag, der der unsichtbaren Bewegung der kleinsten Körperteilchen zuzuschreiben ist. Da auf Griechisch groß makros, klein aber mikros heißt, kann man die beiden Arten der Bewegung und daher auch die beiden Teilbeträge der Energie als makromechanisch und mikromechanisch unterscheiden.

Ihre außerordentliche Fruchtbarkeit sollte die atomistische Hypothese zunächst auf dem Gebiete der kinetischen Gastheorie erweisen, die in den Fünfziger Jahren des 19. Jahrhunderts von KRÖNIG und von CLAUSIUS in exakter Form begründet wurde.[5]. Der Grundgedanke der kinetischen Gastheorie ist der, daß bei Gasen die Bewegung der kleinsten Teilchen, der sogenannten Gasmolekeln, eine einfach fortschreitende ist, ohne daß, wie man dies hinsichtlich des festen und flüssigen Aggregatzustandes annimmt, die Molekeln an bestimmte Gleichgewichtslagen gebunden wären.[6] Vom atomistischen Standpunkt aus hat man sich also ein Gas als einen Schwarm von rasch dahin schießenden kleinen Teilchen zu denken, die in ihrer Bewegung nur durch die Anwesenheit der anderen Molekeln beeinflußt werden, denen sie in ihren Bahnen nahekommen.[7]

Aus dieser Grundhypothese folgen auf rein deduktivem Wege auf die einfachste Weise sogleich die wesentlichen Eigenschaften der Gase. Daß ein in einem Gefäß eingeschlossenes Gas gegen die Wände des Gefäßes einen Druck ausübt, erklärt sich sehr einfach aus den unaufhörlichen Stößen, aus dem ständigen Aufprall der Gasmolekeln gegen die Wände. Wird die Dichte eines Gases verdoppelt, so prallen natürlich auch doppelt soviel Molekeln in der gleichen Zeit auf ein Stück der Wand auf; der Druck muß also unter sonst gleichen Umständen der Dichte des Gases proportional oder, was dasselbe ist, dem Volumen des Gases umgekehrt proportional sein; und das ist in der Tat, wie schon in der Mitte des 17. Jahrhunderts die Physiker erkannt hatten[8], die fundamentale Beziehung der Gaslehre.

Die Temperatur eines Gases erscheint bestimmt durch den Mittelwert der auf eine einzelne Molekel entfallenden Bewegungsenergie; andererseits hängt der Wert der Bewegungsenergie wieder von der molekularen Geschwindigkeit ab, deren Quadrat er proportional ist. Die Temperatur, bei der die Molekeln eines solchen Gases überhaupt keine Bewegungsenergie hätten, sich also in vollkommener Ruhe befänden, bezeichnet man als den absoluten Nullpunkt der Temperatur. Allerdings war dieser Begriff schon früher, unabhängig von der kinetischen Hypothese, den Wärmetheoretikern geläufig gewesen; unter dem absoluten Nullpunkt verstand man nämlich die Temperatur, bei der der Druck aller Gase verschwindet. Der absolute Nullpunkt muß, wie aus der beobachteten Abhängigkeit des Druckes von der Temperatur folgt, 273,1 Celsius-Grade unter dem Schmelzpunkt des Eises liegen. Es sei in diesem Zusammenhang nur kurz nebenbei erwähnt, daß die tiefste, bisher experimentell im Laboratorium erzeugte Temperatur — 272,2 Grad beträgt, also nur etwa einen Grad über dem absoluten Nullpunkt liegt.[9]

Die nähere, rein deduktive Untersuchung zeigt nun, daß die molekulare Geschwindigkeit für eine bestimmte Temperatur ohne weiteres angegeben werden kann, da man ja auf Grund empirischer Messungen weiß, wie Druck und Volumen eines Gases von der Temperatur abhängen. Clausius hat so gezeigt, daß die molekularen Geschwindigkeiten von derselben Größenordnung sind wie die Geschwindigkeiten, mit denen Kugeln Geschütze verlassen. Bei Wasserstoff beträgt beispielsweise bei einer Temperatur von 0 Grad die durchschnittliche Geschwindigkeit der Molekeln 1800 m in der Sekunde.[10] Bei anderen Gasen ist sie geringer, und zwar um so geringer, je größer das Molekulargewicht des Gases ist. Bei Sauerstoff und Stickstoff, den beiden Hauptbestandteilen der Luft, ist z. B. die Geschwindigkeit nur ungefähr ein viertel mal so groß wie bei Wasserstoff.

Außer durch Clausius fand die kinetische Gastheorie ihre weitere Ausgestaltung zunächst durch den Schöpfer der elektromagnetischen Lichttheorie, durch Maxwell.[11] Aber das vielleicht interessanteste Ergebnis, zu dem die weiteren gastheoretischen Untersuchungen führten, verdankte die Physik dem Wiener Physiker Loschmidt. Denn Loschmidt war der erste, der die absolute Größe der Molekeln[12] bestimmte. Dies gelang ihm im Jahre 1865 durch Überlegungen, die einerseits die sogenannte innere Reibung der Gase, andererseits die Verflüssigung der Gase zum Gegenstande hatten. Die theoretische Physik hat seitdem (wovon in einem späteren Vortrag noch ausführlich die Rede sein wird) viel exaktere mannigfache Methoden gefunden, um die wahre Größe der Molekeln zu bestimmen. Ja man kann wohl sagen, daß wir heute den Wert der Masse einer Wasserstoffmolekel mit verhältnismäßig größerer Genauigkeit kennen als etwa den Wert der Masse der Erde.

Der genaue Wert, den die Physik heute für die Masse einer Wasserstoffmolekel anzugeben vermag, bedeutet, daß eine Quadrillion von Wasserstoffmolekeln (d. h. eine Billion mal einer Billion) erst die Masse von drei Gramm besitzt.[13] Da die Masse der Erde auf 6000 Quadrillionen Gramm geschätzt wird, so würde sich danach die Masse einer Wasserstoffmolekel zu der eines Steines von etwa 130 Gramm ungefähr so verhalten wie die Masse des Steines zu der der ganzen Erde.

So verschwindend klein sind die Träger der unsichtbaren Bewegungen, die der Experimentalphysik als Wärme erscheinen. Die Vorgänge, die Zustände, die für den Experimentalphysiker einzelne Vorgänge, Einzelzustände sind, erscheinen derart für den Atomiker als eine Gesamtheit einer ungeheuren Zahl von individuellen Vorgängen, von individuellen Zuständen; und deren Träger sind eben wieder jene Materieindividuen, deren Gewicht im allgemeinen nicht einmal den trillionsten Teil eines Milligramms erreicht.

Ein und derselbe physikalische Zustand kann somit von zwei ganz verschiedenen Gesichtspunkten aus betrachtet werden. Haben wir etwa ein Gas in einem größeren Gefäß mit verschiebbarem Kolben, so weiß der Experimentalphysiker alles, was er über den Zustand des Gases wissen will, wenn er weiß, welchen Druck das Gas gegen die Gefäßwände ausübt, wie hoch seine Temperatur ist, welches Volumen es mit seiner Masse erfüllt.[14] Mit diesen Daten ist für den Experimentalphysiker alles erschöpft, was ihm über den Zustand des Gases wissenswert erscheint. Für den Atomiker besteht das Gas aus Quadrillionen von Molekeln; für ihn ist daher der Zustand des Gases in Quadrillionen individueller, allerdings rein mechanischer Zustände aufgelöst, und diese würde er für einen bestimmten Augenblick erst dann vollkommen kennen, wenn er von jeder einzelnen Molekel wüßte, an welcher Stelle sie sich in diesem Moment befindet und mit welcher Geschwindigkeit und in welcher Richtung sie sich in diesem Augenblick bewegt. Sollte nun wirklich die Atomistik, die eine Vereinfachung der physikalischen Naturbetrachtung bezweckt, statt dessen eine so ungeheure Komplizierung der Naturbetrachtung herbeiführen? Die Antwort auf diese Frage gibt uns eine ganz einfache Überlegung, die wir in einem der Physik scheinbar ganz fremden Gebiete anstellen wollen.

In der Volkswirtschaftslehre spricht man von Altersgliederung der Bevölkerung, von Geburtenziffer, von Heiratsfrequenz, von der Höhe der Sterblichkeit, von dem Prozentsatz der Selbstmorde und von ähnlichen Begriffen und spricht von Gesetzmäßigkeiten, die solche Größen zeigen; und doch setzt sich die Bevölkerung, die in ihrer Gesamtheit den Gegenstand solcher national-ökonomischer Forschungen bilden kann, aus einer großen Vielheit von Individuen zusammen, deren einzelner Lebenslauf durchaus den Charakter des Zufälligen und Unregelmäßigen trägt, namentlich hinsichtlich solcher freiwilliger Handlungen, wie es eine Eheschließung oder ein Selbstmord ist.

Es zeigt sich eben, daß, wofern man nur eine genügend große Zahl von individuellen Fällen ins Auge faßt, das individuelle Moment ganz in den Hintergrund tritt. Die individuellen Zufälligkeiten spielen eine um so geringere Rolle, je größer die Zahl der Einzelfälle ist, die den Gegenstand der Betrachtung bilden. Diese merkwürdige Tatsache, die man als das Gesetz der großen Zahlen bezeichnet, bildet das Fundament aller statistischen Untersuchungen.

Ein Beispiel möge das etwas näher erläutern. In einer Millionenstadt stellt die Zahl der wöchentlichen Todesfälle eine verhältnismäßig größere Zahl dar (etwa 500 für jede Million). Man wird nun finden, daß in einer Millionenstadt die Zahl der wöchentlichen Todesfälle sich innerhalb eines Monates relativ nur wenig ändert. Ja die individuellen Zufälligkeiten werden so unmerklich, daß, wenn man etwa für zwei verschiedene, durch einen längeren Zeitraum getrennte Wochen merklich verschiedene Zahlen für die wöchentlichen Todesfälle vorfindet, man eine äußere Ursache dafür suchen wird; sei es, daß infolge der Witterung in einer Woche des Winters mehr Menschen sterben als in einer Sommerwoche, sei es, daß eine Epidemie die Zahl der Todesfälle vermehrte, oder daß eine Hungersnot die Sterblichkeit erhöhte.

Daß wir aber aus der Veränderung einer solchen Zahl, wie es die wöchentlichen Todesfälle sind, auf äußere Ursachen schließen dürfen, das trifft nur dann zu, wenn diese Zahl hinreichend groß ist. Fassen wir statt der Millionenstadt eine Kleinstadt von etwa sechstausend Einwohnern ins Auge, in der durchschnittlich wöchentlich etwa drei Menschen sterben, und es betrage etwa die Zahl der Sterbefälle in der ersten Märzwoche eines Jahres vier und in der ersten Märzwoche des nächsten Jahres zwei, so wäre es natürlich durchaus verfehlt, wenn wir aus diesem Zufall schließen wollten, daß sich die gesundheitlichen Verhältnisse in der Stadt innerhalb eines Jahres gebessert hätten. Bei so *kleinen Zahlen*, wie es die Zahlen vier oder zwei sind, spielt eben das *individuelle Moment* eine wesentliche Rolle; bei so kleinen Zahlen können relativ wesentliche Änderungen ihres Wertes, können beträchtliche *Schwankungen ohne äußere Ursache*, bloß infolge der individuellen Zufälligkeiten auftreten.

Die einfachen Überlegungen, die wir auf dem Gebiete der Bevölkerungsstatistik angestellt haben, lassen sich infolge ihrer allgemeinen Gültigkeit nun aber ohne weiteres auch auf das Gebiet der Molekularerscheinungen übertragen. Denn so wie die Größen, die in der Bevölkerungsstatistik eine Rolle spielen, von individuellen Größen abhängen, die individuelle Zustände oder Vorgänge charakterisieren, so muß dies gemäß der kinetischen Theorie auch für die Größen gelten, die in der Wärmelehre auftreten. Ist nun der ins Auge gefaßte physikalische Vorgang so beschaffen, daß die Zahl der individuellen Vorgänge, in die er vom atomistischen Standpunkte aus aufgelöst erscheint, *groß* ist, dann trifft der Vergleich mit der Millionenstadt zu. Man kann dann aus den individuellen Werten durch *Zusammenzählung* oder *Durchschnittsbildung statistische Größen* ableiten, die sich auf die *Gesamtheit als solche* beziehen; genau so, wie man in der Bevölkerungsstatistik die einzelnen Todesfälle zusammenzählt oder aus dem erreichten Alter der verstorbenen Einzelpersonen ein mittleres Lebensalter berechnet; und wenn der Vergleich mit der Millionenstadt zutrifft, dann wird es auch für die physikalischen statistischen Größen gelten, daß sie sich ohne äußere Ursache nicht merklich verändern, wofern sie von einer *großen Zahl von individuellen Größen* abhängen.

Ein Beispiel möge dies etwas näher erläutern. Wir fassen innerhalb eines von einem Gase erfüllten Gefäßes in Gedanken einen winzig kleinen Würfel ins Auge, dessen Länge nur den zehntausendsten Teil eines Millimeters betragen soll. Durch diesen Würfel werden infolge des inneren Bewegungszustandes des Gases ununterbrochen Molekeln rasend rasch hindurchschießen. Ein fingierter Beobachter, der imstande wäre, die einzelnen Molekeln als solche zu erkennen, möge nun in beliebigen Augenblicken blitzartig eine Zählung der Molekeln vornehmen, die sich momentan inmitten dieses gedachten Würfels befinden. Multipliziert dieser fingierte Atomiker die so erhaltene Zahl mit der Masse der untereinander gleich groß gedachten Molekeln und dividiert er noch durch das Volumen des Würfels, so erhält er eine Größe, die identisch ist mit derjenigen, die die beschreibende Physik als die Dichte des Gases an der betreffenden Stelle bezeichnet.

Der fingierte Atomiker könnte auch blitzschnell für einen bestimmten Moment die Geschwindigkeiten der einzelnen Molekeln messen; multipliziert er die Masse einer Molekel mit dem halben Quadrate ihrer Geschwindigkeit, so erhält er die Bewegungsenergie der betreffenden Molekel. Aus den Werten, die der Atomiker so für die Bewegungsenergien aller momentan in dem kleinen Würfel enthaltenen Molekeln feststellt, kann er nun den Durchschnitt bilden, und durch diesen Mittelwert wäre nun wieder infolge eines einfachen (hier nicht näher zu erörternden) Zusammenhanges die Größe bestimmt, die der beschreibende Physiker die Temperatur an der betreffenden Stelle nennt, an der in Gedanken der kleine Würfel konstruiert wurde.

Obwohl dieser Würfel sehr klein angenommen wurde, nämlich mit einer Kantenlänge von dem zehntausendsten Teile eines Millimeters, so sind in ihm nach dem früher über die Größe der Molekeln Gesagten doch noch immer im allgemeinen stets Tausende von Molekeln enthalten.[15] Der Vergleich mit der Millionenstadt trifft also zu, und dies trotz der verschwindenden Kleinheit des Würfels, über dessen Volumen die statistischen Betrachtungen erstreckt wurden. Für die Zustände und Vorgänge, die die Experimentalphysik beschreibt, sind die individuell-molekularen Größen daher im allgemeinen an sich ganz nebensächlich. In Betracht kommen für den beschreibenden Physiker nur solche Werte, die aus einer großen

Zahl von an sich belanglosen Einzelwerten mittels statistischer Methoden gebildet sind. Die spontanen Änderungen dieser statistischen Größen werden aber infolge der großen Zahl individueller Vorgänge relativ sehr gering sein; es werden daher im allgemeinen in einem Gas ohne äußere Ursachen weder Dichteschwankungen noch Temperaturschwankungen von merklicher Größe auftreten. Ohne äußeren Grund wird es daher nicht vorkommen, daß ein in einem Zimmer aufgehängtes Thermometer eine plötzliche Temperaturerhöhung oder Temperaturerniedrigung anzeigt; ja vielmehr umgekehrt, wenn eine solche Änderung des Standes des Thermometers auftritt, ohne daß wir die Ursache wissen, so werden wir notwendigerweise diese Änderung einer uns unbekannten äußeren Ursache zuschreiben.

Denken wir uns nun wieder unseren Atomiker, der die Molekeln einzeln zu erkennen vermag, der aber diesmal seine statistischen Untersuchungen auf einen noch kleineren Würfel beschränken möge. Er grenze in Gedanken einen Würfel ab, dessen Kantenlänge nur den zweihunderttausendsten Teil eines Millimeters betrage (also noch zwanzigmal kleiner sei als vorhin). In diesem so kleinen Volumen werden bei gewöhnlichem Druck und gewöhnlicher Temperatur durchschnittlich nur etwa drei bis vier Molekeln jeweils enthalten sein; es würde somit der Vergleich mit der Kleinstadt zutreffen. Bestimmt der Atomiker die Dichte an der von ihm betrachteten Stelle aus einer so kleinen Zahl, dann wird für ihn die so berechnete Dichte natürlich ohne äußere Ursachen, lediglich infolge der individuellen Unregelmäßigkeiten, relativ beträchtliche Schwankungen aufweisen.

Ob ein Physiker in einem Gase Dichteschwankungen feststellt oder nicht, hängt somit lediglich davon ab, wie klein er das Volumen wählt, über das er seine molekular-statistischen Betrachtungen anstellt. In objektiver Hinsicht werden also die molekularen Dichteschwankungen bei all den Vorgängen bedeutungslos sein, bei denen Distanzen von etwa dem hunderttausendsten Teil eines Millimeters zu klein sind, um für den Vorgang in Betracht zu kommen. Bei solchen Vorgängen hingegen, bei denen so kurze Distanzen (oder nicht wesentlich größere) eine Rolle spielen, muß sich die Wirkung der molekularen Dichteschwankungen offenbaren; und zu diesen Phänomenen gehört nun auch der Durchgang eines Lichtstrahles durch ein Gas. Von der Dichte eines Gases hängt nämlich der Wert der Größe ab, die das optische Verhalten des Gases charakterisiert; es ist dies der sogenannte Brechungsindex. Schwankungen in der Dichte müssen demnach auch Schwankungen in dem Werte des Brechungsindex zur Folge haben.

SMOLUCHOWSKI, dem vor allem die theoretische Atomistik ihre großen Fortschritte im Beginne des 20. Jahrhunderts verdankt, hat erkannt, daß es solche Schwankungen des Brechungsindex in der Atmosphäre sind, die die blaue Farbe des Himmels hervorrufen. Die Richtigkeit dieser Auffassung ist durch verschiedene interessante Experimente zweifellos erwiesen worden[16]; ja andererseits war es sogar auf Grund der Theorie von SMOLUCHOWSKI möglich, durch optische Messungen der Himmelsfarbe die Größe der Molekeln zu berechnen, in guter Übereinstimmung mit den auf ganz anderen Wegen dafür erhaltenen Werten. In der seit jeher jedermann bekannten Erscheinung des Himmelsblau hat somit erst die moderne Physik eine glänzende empirische Bestätigung der atomistischen Hypothese erkannt, die aus rein philosophischen Gründen schon im Altertum ein genialer griechischer Denker ersonnen hatte.

Einen noch deutlicheren Beweis für die Richtigkeit der kinetischen Molekulartheorie bietet eine Erscheinung, die zuerst vor etwa hundert Jahren von dem Botaniker BROWN beobachtet wurde und die nach ihm allgemein als BROWNsche Bewegung bezeichnet wird. Denken wir uns einen Gegenstand in der Luft aufgehängt, so wird er nach der atomistischen Auffassung von allen Seiten Stöße durch die auf ihn aufprallenden Molekeln der Luft erfahren. Ist aber der Gegenstand so groß, daß er mit freiem Auge sichtbar ist, so wird er infolge der ungeheuren Zahl der Molekeln auch in verschwindend kleinen Bruchteilen einer Sekunde doch noch viele Millionen von Stößen erfahren. Da aber diese Stöße aus allen möglichen Richtungen erfolgen, so werden sie infolge der durch die große Zahl bedingten Regelmäßigkeit einander nahezu vollständig in ihren Wirkungen aufheben. Die Folge davon wird sein, daß, obwohl der aufgehängte Körper durch den Aufprall der Molekeln in eine gewisse zitternde Bewegung gerät, diese doch viel zu unbedeutend ist, als daß sie sich irgendwie bei Objekten äußern könnte, die mit freiem Auge sichtbar sind. Denken wir uns hingegen ein viel kleineres Objekt, denken wir uns etwa ein schwebendes Materieteilchen, das man nicht einmal im Mikroskope sehen, sondern nur im Ultramikroskope[17] erkennen kann, dann müßten sich die individuellen Unregelmäßigkeiten der Stöße in merklicher Weise offenbaren, und das Teilchen müßte infolge der allseitigen regellosen Stöße eine lebhafte Zickzackbewegung ausführen.

In der Tat hat nun schon im Jahre 1827 Brown unter dem Mikroskop merkwürdige unregelmäßige Bewegungen entdeckt, die in Flüssigkeiten Pflanzenpollen ausführten, deren Lineardimensionen ungefähr den zweihundertsten Teil eines Millimeters betrugen. Brown hat auch schon festgestellt, daß diese Bewegungen um so lebhafter sind, je kleiner die Pollen sind. Ein halbes Jahrhundert später erkannte erst Christian Wiener die wahre Ursache dieser Erscheinung in dem inneren Bewegungszustand, der der Flüssigkeit nach der kinetischen Theorie der Materie zugeschrieben werden muß. In Gasen ist der Nachweis der Brownschen Bewegung allerdings erst viel später Ehrenhaft gelungen. Die exakte Ausgestaltung der Theorie der Brownschen Bewegung ist vor allem das Verdienst von Einstein und von Smoluchowski.

Die bisherigen Überlegungen lassen uns deutlich erkennen, daß sich letzten Endes alle molekularstatistischen Untersuchungen auf Wahrscheinlichkeitsbetrachtungen gründen. Wir haben ja gesehen, daß relative Schwankungen um so größer sind, je kleiner die Zahl der Einzelwerte ist, aus denen der schwankende Wert gebildet ist, und daß die Schwankungen unmerklich werden, wenn die Zahl der Einzelwerte groß wird. Dies erklärt sich eben daraus, daß die Wahrscheinlichkeit für eine Schwankung von bestimmtem relativem Wert (etwa für eine zufällige Verdoppelung) rapid abnimmt, wenn die Zahl der Einzelwerte auch nur von drei bis zu zwanzig erhöht wird. Daß in einer Kleinstadt, in der wöchentlich durchschnittlich etwa drei Menschen sterben, einmal in einer Woche zufälligerweise überhaupt niemand stirbt, mag gar nicht so selten vorkommen. Für eine Millionenstadt ist hingegen ein solches

Ereignis so enorm unwahrscheinlich und darum so ungeheuer selten, daß man getrost behaupten kann, daß sich, seitdem es Millionenstädte gibt und solange es welche geben wird, ein solcher Fall überhaupt noch nie ereignet hat und auch nie ereignen wird. Man kann es getrost behaupten, weil eben die Wahrscheinlichkeit, daß diese Behauptung irrig sei, enorm gering ist. Ein Ereignis, dessen Wahrscheinlichkeit ungeheuer klein ist, bezeichnen wir aber nun einfach als unmöglich; der Unterschied zwischen beiden Begriffen ist so unbedeutend, daß im allgemeinen eine Unterscheidung überflüssig erscheint. Beispiele, die wir wieder einem ganz anderen Gebiet als dem der eigentlichen Physik entnehmen wollen, mögen dies näher erläutern.

In einer Stadt befinde sich ein Saal, in dem täglich Vorträge stattfinden mögen, und zwar, wie wir der Einfachheit halber annehmen wollen, täglich vor einer gleich großen Menge von Zuhörern. Wir wollen uns nun die Frage vorlegen, ob durch reinen Zufall eines Tages das Ereignis eintreten könnte, daß sich nur solche Zuhörer einfinden, deren Namen mit dem Anfangsbuchstaben M anfängt; dieses Ereignis wollen wir im folgenden kurz das M-Ereignis nennen. Wer als Laie nicht lange überlegt, wird wohl ohne weiteres die rein zufällige Möglichkeit eines solchen M-Ereignisses verneinen; die vollständige Antwort gibt uns aber doch erst folgende einfache Überlegung. Wir haben die täglich gleich bleibende Zuhörerzahl noch ganz willkürlich gelassen. Nehmen wir einmal an, daß die konstante Zuhörerzahl nur zwei betrage; nehmen wir weiter an, daß von den Einwohnern der Stadt etwa der zwanzigste Teil einen mit M beginnenden Familiennamen habe; dann ist die Wahrscheinlichkeit des M-Ereignisses bei einer Zahl von zwei Zuhörern ein Vierhundertstel, mit anderen Worten: auf durchschnittlich je 400 Vorträge wird einer kommen, bei dem das M-Ereignis eintritt. Wenn die Vorträge täglich stattfinden, wird also durchschnittlich alle 400 Tage das M-Ereignis wiederkehren; die Dauer von 400 Tagen bezeichnen wir daher als die durchschnittliche Wiederkehrzeit des M-Ereignisses bei zwei Zuhörern.

Ist die Zuhörerzahl nun nicht zwei, sondern drei, so wird die Wiederkehrzeit zwanzigmal so groß; erhöhen wir die Zuhörerzahl um je eins, so verzwanzigfacht sich dadurch stets die Wiederkehrzeit. Bei fünf Zuhörern würde sie bereits etwa 8000 Jahre betragen, bei sieben Zuhörern etwa 3 Millionen Jahre, bei zehn Zuhörern etwa 30 Milliarden Jahre, bei zwanzig Zuhörern etwa eine drittel Quadrillion Jahre. Bei hundert Zuhörern wäre die Wiederkehrzeit des M-Ereignisses durch eine Zahl von Jahren gegeben, die mit mehr als hundert Ziffern geschrieben werden müßte. Selbst wenn die Stadt mit Namen tragenden Einwohnern ein so hohes Alter hätte, wie es der Erde, ja dem Sonnensystem zugeschrieben werden muß, selbst wenn diese ganze Zeit hindurch täglich vor hundert Zuhörern Vorträge stattgefunden hätten, so wäre doch die Wahrscheinlichkeit ungeheuer gering, daß in diesem über alle Vorstellungen großen Zeitraum auch nur einmal der Fall eingetreten wäre, daß aus reinem Zufall sich zu einem Vortrag nur Zuhörer mit dem Anfangsbuchstaben M eingefunden hätten.[18]

Wir werden daher von unserem menschlich-anthropomorphen Standpunkte aus, von dem aus mit noch größeren Zeiträumen zu rechnen keinen Sinn hätte, den rein zufälligen Eintritt des M-Ereignisses als ausgeschlossen bezeichnen. Ganz allgemein werden wir vom anthropomorphen Standpunkte aus, der natürlich kein absoluter ist, solche Ereignisse als durch Zufall unmöglich ansehen, deren Wiederkehrzeit über alle menschlichen Vorstellungen ungeheuer groß ist. Aus demselben Grunde werden wir es auch als praktisch unmöglich bezeichnen, daß rein zufällig in einem Vortragssaale die Zuhörer so sitzen, daß in der rechten Hälfte des Saales lauter Zuhörer mit Anfangsbuchstaben A bis K und in der linken Hälfte lauter Zuhörer mit Anfangsbuchstaben L bis Z sitzen.

Die Überlegungen, die wir angestellt haben, lassen sich wegen ihres allgemeinen Charakters aber nun ohne weiteres von Menschen auf Molekeln übertragen. So wie die Menschen verschiedene Anfangsbuchstaben ihrer Namen haben, so haben die Molekeln verschiedene Richtungen der Bewegung, so haben sie verschiedene Beträge der Geschwindigkeit.[19] Vom molekularstatistischen Standpunkte aus werden wir nun unter einem Vorgang, den die Experimentalphysik als Bewegungsvorgang (im engeren Sinne des Wortes) bezeichnet, einen Vorgang zu verstehen haben, bei dem sich eine ungeheuer große Zahl von Molekeln in derselben Richtung und mit derselben

Geschwindigkeit bewegt. Ist dies der Fall, dann sprechen wir im Sinne der Experimentalphysik von Strömungen oder Wirbelbewegungen, die im Inneren von Gasen auftreten; es handelt sich dann um Vorgänge, die eine makromechanische Energie im Gegensatz zur mikromechanischen Wärmeenergie besitzen. Das Ereignis, daß durch reinen Zufall hundert in einem Augenblick benachbarte Molekeln die gleiche Bewegung haben, wäre mit dem früher besprochenen M-Ereignis zu vergleichen. Wie jenes wird auch dieses vom anthropomorphen Standpunkte aus als durch Zufall ausgeschlossen bezeichnet werden müssen; ja die Wahrscheinlichkeit dafür, daß in einem für den beobachtenden Experimentalphysiker scheinbar ruhigen Gase durch Zufall aus der Wärmebewegung ein grobmechanischer Vorgang entsteht, ist noch ungeheuer geringer als die Wahrscheinlichkeit des M-Ereignisses bei hundert Individuen; denn bei der Entstehung eines makromechanischen Vorganges müßten nicht bloß hundert, sondern viele, viele Millionen von Molekeln beteiligt sein.

Die Molekeln haben in ihrer regellosen, als Wärme bezeichneten Bewegung nicht nur verschiedene Richtungen, sondern, wie schon erwähnt, auch verschiedene Beträge der Geschwindigkeit. Wir wollen uns nun ein Gefäß denken, in dem ein Gas enthalten sei. Könnte es durch Zufall geschehen, daß in der rechten Hälfte vorwiegend die Molekeln sich befänden, deren Geschwindigkeitsbetrag größer ist als der durchschnittliche, und in der linken Hälfte die Molekeln, bei denen das Umgekehrte der Fall ist, dann würde dies eine zufällige Entstehung eines Temperaturunterschiedes bedeuten, indem die rechte Hälfte des Gefäßes wärmer, die linke kühler würde. Ein solches Ereignis erscheint ebenso praktisch ausgeschlossen wie die vorhin angegebene, durch Zufall geordnete Verteilung der Zuhörer auf die beiden Hälften eines Saales. Vom anthropomorphen Standpunkte aus, aber auch nur von diesem aus, werden wir es also als unmöglich bezeichnen, daß sich durch bloßen Zufall Wärmeenergie in grobmechanische umwandle oder daß sich von selbst innerhalb eines überall gleich warmen Körpers Temperaturunterschiede ausbilden.

Wenn aber nun, ganz allgemein gesprochen, Gesamtheitszustände von größerer Wahrscheinlichkeit häufiger sind als solche von geringerer Wahrscheinlichkeit, dann muß natürlich jeder Gesamtheitszustand von geringer Wahrscheinlichkeit ein scheinbares Bestreben zeigen, in einen Gesamtheitszustand von größerer Wahrscheinlichkeit überzugehen. Der Experimentalphysiker muß daher von seinem anthropomorphen Standpunkte aus zu der Erkenntnis gelangen, daß grobmechanische Energie eine Tendenz zur Umwandlung in Wärmeenergie zeige, daß jeder grobmechanische Vorgang infolge von Reibung stets mit einer Wärmeentwicklung verbunden sein müsse, daß andererseits aber auch bestehende Temperaturunterschiede die Tendenz haben müßten, sich auszugleichen. Da also die zufällige Umwandlung von grobmechanischer Energie in Wärmeenergie eine der vollständigen Regelmäßigkeit gleichkommende Wahrscheinlichkeit besitzt, der umgekehrte Vorgang aber eine unter aller Vorstellungsmöglichkeit geringe Wahrscheinlichkeit, da dasselbe auch für den Ausgleich von Temperaturen und den umgekehrten Vorgang gilt, so muß alles natürliche Geschehen der anthropomorphen Physik als nicht umkehrbar oder, wie man auch sagt, als irreversibel erscheinen.

Diese Erkenntnis bildet aber den Inhalt eines Satzes, der in der Mitte des 19. Jahrhunderts der Wärmelehre als deren sogenannter zweiter Hauptsatz eingefügt wurde und der wegen der philosophischen Ausblicke, die er zu eröffnen schien, stets einen gewissermaßen mystischen Charakter hatte. Vom Standpunkte der modernen Molekularstatistik aus ist der zweite Hauptsatz eigentlich überhaupt kein Gesetz, sondern nur eine Regel, für deren Erfüllung allerdings stets eine der Sicherheit praktisch gleich kommende Wahrscheinlichkeit besteht. Als richtig kann der zweite Hauptsatz daher nur von einer Physik angesehen werden, die im Sinne der Worte eines griechischen Denkers[20] „an alle Dinge den Maßstab des Menschen anlegt". Als wahr kann der zweite Hauptsatz nur von einer Physik bezeichnet werden, die jede Behauptung wahr nennt, für die die Wahrscheinlichkeit einer Widerlegung durch die Erfahrung unter aller menschlichen Vorstellungsmöglichkeit klein ist. Hinsichtlich solcher Anwendungen, die über das dem Menschen Begreifbare hinausgehen, darf aber der zweite Hauptsatz nicht mehr volle Geltung beanspruchen.

Diese neue Auffassung des zweiten Hauptsatzes geht auf BOLTZMANN zurück, der zuerst für den Satz, und zwar im Jahre 1866, eine atomistische Deutung fand, indem er ihn auf Wahrscheinlichkeitsbetrachtungen zurückführte.[21] Die klare Durchbildung und Vollendung des genialen BOLTZMANNschen Gedankens ist aber wieder das große Verdienst von SMOLUCHOWSKI, dessen Untersuchungen in die ersten zwei Jahrzehnte des 20. Jahrhunderts fallen.

So vermag, wie wir gesehen haben, der menschliche Geist eine ordnende Wirkung des Zufalls nur dann zu begreifen, wenn die Zahl der individuellen Begebenheiten gering ist. Das Beispiel des von uns so genannten M-Ereignisses hat uns ja gezeigt, daß schon bei einer Zahl von nur hundert Individuen (die gewissermaßen zwanzig Sorten angehörten) der menschliche Geist außerstande ist, um auch nur im entferntesten eine vorhandene Ordnung als Werk des Zufalls zu begreifen. Nun spielen sich aber infolge der außerordentlichen Kleinheit der Molekeln in der Luft eines Zimmers stets viele Quadrillionen individueller Vorgänge ab. Wollte man bei Systemen mit einer so ungeheueren Individuenzahl die Wiederkehrzeit einer zufälligen und grob-sinnlich wahrnehmbaren Ordnung angeben, so wäre die Zahl von Jahren, die die Wiederkehrzeit bestimmt, unvorstellbar groß. Sie wäre so ungeheuer groß, daß, wenn man sie auf einen Papierstreifen aufschreiben wollte, der von der Erde zum Monde gespannt wäre, man mit dem Anschreiben der Zahl noch lange, lange nicht fertig wäre, wenn man auch den Papierstreifen bis zum Mond beschrieben hätte.

Wie könnte nach dem eben Gesagten ein menschlicher Geist die Möglichkeit erfassen, daß die Ordnung des Weltalls durch einen Zufall aus dem Chaos der regellosen molekularen Wärmebewegung unseres Universums entstanden wäre? Aber das Unvermögen unseres Geistes, solches zu erfassen, kann keinen Beweis gegen eine solche Möglichkeit bilden. Über die Berechtigung einer derartigen Annahme kann nicht die Physik, sondern nur die Philosophie urteilen. Die theoretische Möglichkeit einer solchen Annahme hat die moderne Molekularstatistik erwiesen, freilich nur im Zusammenhange mit ihrer Unbegreifbarkeit.

Dritter Vortrag.

Die Elektronentheorie.

Die Begründung der elektromagnetischen Lichttheorie und die Schöpfung der mechanischen Wärmetheorie stellen die beiden großen Leistungen dar, die in dem Streben nach einer Vereinheitlichung des Naturbildes die theoretische Physik in der zweiten Hälfte des neunzehnten Jahrhunderts vollbrachte. Durch die MAXWELLsche Theorie war der Elektrizität die führende Rolle unter den Naturkräften zugefallen; andererseits verdankte die mechanische Wärmetheorie ihre großen Erfolge dem Prinzipe der Individualisierung in dessen Anwendung auf die Materie. Notwendigerweise mußte daher die weitere Entwicklung der Physik dazu führen, daß das als so fruchtbar erkannte Prinzip der Individualisierung nun auch in der Elektrizitätslehre verwertet wurde; und dies war offenbar nur möglich durch die Annahme kleiner individueller elektrischer Ladungen, die in einen Zusammenhang gebracht werden mußten mit den als Molekeln bezeichneten Individuen, in die die mechanische Wärmetheorie die Materie auflöste.

Andererseits zwangen schon lange die Grundtatsachen der Chemie zu der Folgerung, daß die Molekeln aus einer (im allgemeinen nicht großen) Zahl von sogenannten Atomen zusammengesetzt sind, deren es ebensoviel Arten geben soll, als die Chemie Grundstoffe kennt. Diese Hypothese ist schon im Jahre 1805 von DALTON aufgestellt worden; sie gründet sich auf ein empirisches, von DALTON entdecktes Gesetz, das als Gesetz der multiplen Proportionen bezeichnet wird und dessen Inhalt man etwa folgendermaßen ausdrücken kann:

Es läßt sich jedem chemischen Grundstoff eine bestimmte, ihn charakterisierende Zahl derart zuordnen, daß die in einer chemischen Verbindung enthaltenen Mengen der Grundstoffe sich untereinander so verhalten wie ganzzahlige Vielfache der für die betreffenden Elemente charakteristischen Zahlen.

Das Gesetz der multiplen Proportionen findet nun eine sehr einfache Deutung durch die Annahme, daß die für die Grundstoffe charakteristischen Zahlen nichts anderes darstellen als die relativen Gewichte ihrer Atome und daß eben die Molekeln sich aus den Atomen der chemisch verbundenen Grundstoffe aufbauen. Man denkt sich also z. B. eine Wassermolekel gebildet aus zwei Wasserstoffatomen und einem Sauerstoffatom, wobei, auf Wasserstoff bezogen, das Atomgewicht des Sauerstoffs etwa 16 beträgt[1]; d. h. also, ein Sauerstoffatom ist etwa 16mal so schwer wie ein Wasserstoffatom. Die Schwefelsäuremolekel denkt man sich zusammengesetzt aus zwei Wasserstoffatomen, einem Schwefelatom und vier Sauerstoffatomen, und so fort.

Hatte so schon die DALTONsche Theorie als Bausteine der Materie die Atome der chemischen Grundstoffe hingestellt, so führten andererseits die Grundtatsachen der Elektrochemie allmählich zu der Erkenntnis, daß mit den Atomen bestimmte elektrische Ladungen verbunden sein müssen. Im Jahre 1833 hatte FARADAY überaus einfache Gesetze für den Vorgang der Elektrolyse entdeckt, nämlich für die chemische Zerlegung von flüssigen Elektrizitätsleitern durch den elektrischen Strom. Das bekannteste Beispiel dafür ist ja die Zerlegung des Wassers in seine Bestandteile, in Wasserstoff, der an der Austrittsstelle des Stromes, und in Sauerstoff, der an der Eintrittsstelle ausgeschieden wird.[2]

Die Erscheinung der Elektrolyse läßt sich nun überaus einfach erklären, wenn man annimmt, daß in flüssigen Stromleitern die Molekeln ganz oder zum Teil in zwei entgegengesetzt elektrisch geladene Bestandteile, in sogenannte Ionen[3], gespalten sind. Man hätte beispielsweise anzunehmen, daß eine Wassermolekel gespalten ist in ein positiv elektrisches Wasserstoffion, bestehend aus zwei Wasserstoffatomen, und in ein negativ elektrisches Sauerstoffion, bestehend aus einem Sauerstoffatom. Die Elektrizitätsleitung in Flüssigkeiten hat man sich dann einfach vorzustellen als einen Transport solcher Ionen, die infolge ihrer entgegengesetzten elektrischen Ladungen in entgegengesetzten Richtungen wandern, so daß die positiven Ionen an der Austrittsstelle, die negativen an der Eintrittsstelle des Stromes ausgeschieden werden.[4]

Die von FARADAY entdeckten Gesetzmäßigkeiten der Elektrolyse[5] finden nun eine sehr einfache Deutung durch die Annahme, daß jedem Wasserstoffatom im elektrisch geladenen, im sogenannten ionisierten Zustande stets ganz dieselbe Elektrizitätsmenge zukommt, die man heute das elektrische Elementarquantum nennt, und wenn man ferner annimmt, daß die Ladung jedes ganz beliebigen Ions gleich ist dem elektrischen Elementarquantum oder doppelt so groß oder dreimal so groß und so fort, je nach der sogenannten chemischen Wertigkeit des betreffenden Ions.[6]

Die Größe des elektrischen Elementarquantums kennen wir heute nach mannigfachen Methoden (die im vierten Vortrag besprochen werden sollen) sehr genau. Es ergeben ungefähr zwei Milliarden elektrischer Elementarquanten die sogenannte absolute elektrostatische Einheit der Elektrizitätsmenge, von deren Größe man eine Vorstellung dadurch gewinnt, daß die üblichen Ladungen von Leidener Flaschen einige wenige elektrostatische Einheiten betragen.[7]

Die Ladung eines ionisierten Wasserstoffatoms ist also absolut nicht groß, wohl aber relativ sehr beträchtlich wegen der außerordentlichen Kleinheit der Molekeln und Atome. Betrachten wir nämlich zwei ionisierte Wasserstoffatome, so wirken zwischen ihnen zwei verschiedene Kräfte, einerseits die Gravitationskraft, weil ja die beiden Atome infolge ihrer Massen gegeneinander gravitieren, andererseits eine elektrische Kraft, weil ja die beiden elektrischen Ladungen, die den ionisierten Atomen anhaften, aufeinander eine abstoßende Kraft ausüben; beide Kräfte sind hierbei umgekehrt proportional dem Quadrate der Entfernung der Atome. Durch eine einfache Rechnung findet man nun leicht, daß die elektrische Kraft zwischen den ionisierten Atomen ungefähr eine Sextillion mal so groß ist wie die Gravitationskraft zwischen ihnen, also ungefähr eine Trillion mal einer Trillion mal so stark.[8]

Die Erkenntnis, daß die Atome mit elektrischen Ladungen

verbunden sein müssen, gewann nun eine ganz besondere Bedeutung durch zwei neue wichtige Begriffe, die um das Jahr 1880 der Elektrizitätstheorie eingefügt wurden; es sind dies die Begriffe des Konvektionsstromes und der elektromagnetischen Masse. Der Begriff des Konvektionsstromes ist aus der Untersuchung der Wirkungen hervorgegangen, die eine bewegte elektrische Ladung ausübt. Die Vermutung sprach dafür, daß die Bewegung eines geladenen Körpers einen elektrischen Strom darstelle und daß ein solcher Strom, den man eben Konvektionsstrom nannte, dieselben Eigenschaften habe, wie sie an Leiterströmen in Drähten empirisch festgestellt worden waren. Daß diese Vermutung in der Tat zutrifft, wurde schon im Jahre 1876 durch einen Versuch des amerikanischen Physikers ROWLAND bestätigt; dieser versetzte eine Platte, die mit elektrisch geladenen Stanniol-Sektoren belegt war, in rasche Rotation und vermochte dadurch eine in der Nähe befindliche Magnetnadel genau so abzulenken, wie dies durch Leiterströme bewirkt wird.

Aus der Erkenntnis, daß ein Konvektionsstrom ganz dieselben Eigenschaften besitzt wie ein Leiterstrom, vermochte aber nun im Jahre 1881 JOSEPH JOHN THOMSON eine überraschende Folgerung zu ziehen. Nach der MAXWELLschen Theorie der Elektrizität und des Magnetismus muß nämlich jedem elektrischen oder magnetischen Felde als solchem eine gewisse Energie zukommen. Andererseits erzeugt nun eine bewegte elektrische Ladung, weil sie einen Konvektionsstrom darstellt, durch ihre Bewegung ein Magnetfeld. Dieses Magnetfeld und daher auch seine Energie sind nur vorhanden, wenn sich die Ladung bewegt. Nach dem Satze von der Erhaltung der Energie kann aber diese Energie des Magnetfeldes unmöglich aus nichts entstehen. Es ist daher unbedingt ein Aufwand an Energie notwendig, um überhaupt eine elektrische Ladung in Bewegung zu versetzen. Eine elektrische Ladung besitzt also an sich die Eigenschaft, die als Trägheit, die als träge Masse bezeichnet wird. Denn daß etwa ein Stein eine träge Masse besitzt, äußert sich ja eben darin, daß ein Aufwand an Energie erforderlich ist, um ihn in Bewegung zu setzen, um ihm eine bestimmte Geschwindigkeit zu erteilen. Jede elektrische Ladung verhält sich demnach so, als ob sie eine bestimmte Masse hätte, die man als ihre elektromagnetische Masse bezeichnet. Die nähere Untersuchung zeigt, daß die elektromagnetische Masse proportional sein muß dem Quadrate der Ladung, und wofern die Ladung kugelförmig ist, umgekehrt proportional sein muß dem Halbmesser der Kugel[9]; je kleiner der Radius, desto größer die Masse.

Von dem Begriff der elektrischen Ladung ist also der Begriff der Masse überhaupt nicht zu trennen. Daraus folgt, daß jeder Konvektionsstrom unbedingt zugleich einen mechanischen Vorgang darstellen muß. Jeder Konvektionsstrom kann somit von zwei ganz verschiedenen Seiten betrachtet werden; es können auf ihn sowohl die Gesetze der Elektrizitätslehre als auch die der Mechanik angewendet werden. Gerade diese gleichzeitige Anwendbarkeit beider Arten von Gesetzen auf denselben Vorgang, gerade dieser elektromagnetische Parallelismus schafft nun eine Reihe neuer Beziehungen, deren große Fruchtbarkeit offenbar wurde, als im Jahre 1895 der holländische Physiker Lorentz die Elektronentheorie schuf.[10]

Die Lorentzsche Theorie gründet sich auf den Begriff des Konvektionsstromes. Sie nimmt an, daß in den Molekeln kleine bewegliche elektrische Ladungen enthalten seien, deren Lagenänderungen eben Konvektionsströme darstellen. Sie nimmt weiter auf Grund der elektrochemischen Gesetzmäßigkeiten an, daß diese Ladungen, die Lorentz als Elektronen bezeichnete, je ein elektrisches Elementarquantum betragen.

Die Lorentzsche Theorie stellt eine Erweiterung der Maxwellschen Theorie dar. Die wesentlichen, bewährten Grundlagen der Maxwellschen Theorie werden beibehalten; aber durch die Einfügung der Elektronenhypothese wurde die elektromagnetische Theorie nun auch zu der Erklärung mancher Erscheinungen befähigt, denen gegenüber die ursprüngliche Maxwellsche Theorie völlig versagt hatte. Nicht nur an den schon von Faraday entdeckten elektrochemischen Gesetzmäßigkeiten war die Maxwellsche Theorie achtlos vorübergegangen; auch die Erscheinungen der Entladung in verdünnten Gasen waren ihr fremd geblieben; und vor allem gab es auch in der Optik eine längst bekannte Tatsache, die eine Weiterbildung der Maxwellschen Theorie unbedingt erforderte. Es war das Phänomen der Farbenzerstreuung oder der Dispersion des Lichtes.

NEWTON, der sich zuerst in exakter Weise mit dieser Erscheinung befaßte, hat bereits die wichtige Entdeckung gemacht, daß Licht von verschiedener Periodizität in verschiedenem Grade gebrochen wird. Die Erklärung dieser Tatsache bereitete aber nun sowohl der elastischen Lichttheorie als auch der MAXWELLschen Theorie in deren ursprünglicher Fassung die größten Schwierigkeiten. Hingegen ergab sich eine einfache Erklärung, als man annahm, daß im Inneren der Molekeln elektrisch geladene und mit träger Masse ausgestattete Teilchen enthalten seien, die ihrerseits periodisch verlaufende Bewegungen ausführen. Wird nämlich ein solches elektrisch geladenes Teilchen (also ein Elektron im Sinne der LORENTZschen Theorie) von einer Lichtwelle getroffen, so wirkt darauf eine Kraft, die Richtung oder Betrag oder beides periodisch ändert; denn eine Lichtwelle ist ja nichts anderes als ein räumlich und zeitlich periodisch veränderliches elektrisches Feld. Da also auf das von einer Lichtwelle getroffene Elektron eine periodisch veränderliche Kraft wirkt, während das Elektron selbst eine periodische Bewegung ausführt, so muß es wegen des Zusammentreffens zweier periodischer Vorgänge zu Erscheinungen von der Art kommen, die man in der Akustik als Resonanz, allgemein als erzwungene Schwingungen[11] bezeichnet. Auf diese Vorstellung ließ sich nun (worauf hier nicht näher eingegangen werden kann) eine Theorie der Dispersion gründen, die mit den Ergebnissen der Erfahrung in ziemlich guter Übereinstimmung steht.[12]

Auf Grund der LORENTZschen Theorie konnte auch eine bedeutungsvolle optische Entdeckung erklärt werden, die im Jahre 1896 dem holländischen Physiker ZEEMAN glückte; es ist dies die Zerlegung von Spektrallinien in einem Magnetfelde. Der sogenannte ZEEMAN-Effekt ist im allgemeinen recht kompliziert. Im einfachsten Falle besteht er darin, daß eine Spektrallinie in einem Magnetfelde in zwei Linien zerlegt wird, die von der Lage der ursprünglichen Linie nach beiden Seiten gleich weit abstehen.[13] Diese merkwürdige Erscheinung ließ sich nun aus der von LORENTZ entwickelten Elektronentheorie rein mathematisch ableiten, so daß man in dem ZEEMAN-Effekt eine glänzende experimentelle Bestätigung der LORENTZschen Theorie erblicken mußte.

Aus der näheren Untersuchung des ZEEMAN-Effektes folgte zunächst, daß er durch negativ elektrische Teilchen hervorgerufen werden muß. Überdies ergab sich aber aus den Ausmessungen, daß bei den den Effekt verursachenden elektrischen Teilchen das Verhältnis der Ladung zur Masse, die sogenannte spezifische Ladung, etwa 1800mal größer ist als bei den ionisierten Wasserstoffatomen. Nahm man also an, daß die elektrischen Teilchen mit je einem elektrischen Elementarquantum geladen sind, so war man zu der überraschenden Folgerung gezwungen, daß die Masse der Teilchen noch 1800mal kleiner ist als die des Wasserstoffatoms, die man bis dahin für die kleinste überhaupt mögliche Masse gehalten hatte.

Diese merkwürdige Folgerung fand aber nun schon in den allernächsten Jahren eine vollkommene Bestätigung durch die Ergebnisse, zu denen die nähere Untersuchung der sogenannten Kathodenstrahlen führte. Die Kathodenstrahlen, die im Jahre 1859 von PLÜCKER entdeckt worden waren, treten in GEISSLERschen Röhren auf, die stark verdünnte Gase enthalten, und zwar gehen sie von der Stelle aus, an der der elektrische Strom aus der Röhre austritt[14], von der Kathode. Die Kathodenstrahlen breiten sich geradlinig aus; ein in ihren Weg gestellter Gegenstand wirft daher einen Schatten; aber ihre merkwürdigste Eigenschaft ist, daß sie durch einen Magneten leicht abgelenkt werden. Später fand man, daß sie auch in einem elektrischen Felde eine Ablenkung erfahren, und schließlich stellte sich auch heraus, daß Körper, die von Kathodenstrahlen getroffen werden, dadurch negativ elektrisch werden.

Diese Eigenschaften der Kathodenstrahlen lassen sich nun sehr einfach durch die Annahme erklären, daß sie aus rasch bewegten, elektrisch geladenen Teilchen bestehen, die zugleich eine träge Masse besitzen. In der Tat folgt aus der Trägheit ohne weiteres die geradlinige Ausbreitung, aus der elektrischen Ladung die Ablenkung in einem elektrischen Felde. Da andererseits aber die in rascher Bewegung begriffenen elektrischen Teilchen Konvektionsströme darstellen, müssen sie als solche im Magnetfeld eine Ablenkung erfahren, genau so wie eine bewegliche Stromspirale durch einen Magneten angezogen oder abgestoßen wird.

Durch die Ausmessungen der Ablenkungen im elektrischen und magnetischen Felde konnten aber nun zwei für die Kathodenstrahlen wesentliche Größen bestimmt werden, einerseits die Geschwindigkeit und andererseits die spezifische Ladung der Kathodenstrahlteilchen, also das Verhältnis zwischen ihrer Ladung und ihrer Masse. Die Ergebnisse waren sehr merkwürdig. Es zeigte sich nämlich, daß die so ermittelte Geschwindigkeit der Kathodenstrahlen ungeheuer groß ist, daß sie bis zu einem Drittel der Lichtgeschwindigkeit beträgt, die ihrerseits ja gleich 300000 km in der Sekunde ist. Die Kathodenstrahlteilchen bewegen sich also so rasch, daß sie zur Zurücklegung des Weges von der Erde zur Sonne nur ungefähr eine halbe Stunde brauchen würden. Für die spezifische Ladung der Kathodenstrahlteilchen ergab sich aber nahezu derselbe Wert wie bei den hypothetischen Teilchen, in denen die Elektronentheorie die Ursache des Zeeman-Effektes erblickte. Daraus mußte der Schluß gezogen werden, daß die den Zeeman-Effekt hervorrufenden Teilchen identisch seien mit den Kathodenstrahlteilchen, nur mit dem Unterschiede eben, daß diese Bestandteile des Atoms in dem einen Falle an die Atome gebunden sind, während sie im anderen Falle, von den Atomen losgelöst, frei den Raum durcheilen.

Das Gegenstück zu den Kathodenstrahlen bilden die sogenannten positiven Strahlen, die ebenfalls bei hoher Verdünnung in Geisslerschen Röhren auftreten und unter denen die sogenannten Kanalstrahlen am wichtigsten sind.[15] Sie werden im elektrischen und im magnetischen Felde ebenso wie die Kathodenstrahlen abgelenkt, jedoch in entgegengesetztem Sinne; es mußte daraus gefolgert werden, daß sie aus positiv elektrischen Teilchen bestehen. Geschwindigkeit und spezifische Ladung konnten nach derselben Methode wie bei den Kathodenstrahlen bestimmt werden. Man fand, daß die positiven Strahlen langsamer sind als die Kathodenstrahlen; ihre Geschwindigkeit beträgt nur einige Tausendstel der Lichtgeschwindigkeit. Für die spezifische Ladung aber ergaben sich bei den positiven Strahlen Werte von derselben Größenordnung wie bei elektrolytischen Ionen. Die Masse der positiven Teilchen muß also ungefähr ebenso groß angenommen werden wie die Masse der Atome selbst.

Die vorhin besprochenen Erscheinungen der Kathodenstrahlen bieten einen überzeugenden Beweis für die Richtigkeit der Annahme, daß ein in Bewegung begriffenes Elektron dieselben Erscheinungen wie ein Leitungsstrom hervorruft. Da aber andererseits jeder kreisförmige Leitungsstrom (wie aus der Experimentalphysik bekannt ist) dieselben Wirkungen hervorruft wie ein Magnet[16], so bietet die Elektronentheorie die Möglichkeit, alle Erscheinungen des Magnetismus auf kreisende Elektronen zurückzuführen. Die moderne Theorie nimmt an, daß die Molekeln aller Substanzen kreisende Elektronen enthalten, die also konvektive Molekularströme darstellen würden[17]. Durch diese Annahme ließen sich die bereits bekannten magnetischen Phänomene deuten, insbesondere die von FARADAY im Jahre 1845 entdeckte Tatsache, daß der Magnetismus eine universelle Eigenschaft aller Materie und nicht bloß einiger ausgezeichneter Stoffe ist.[18] Andererseits führte die Elektronentheorie des Magnetismus auch zu der Auffindung neuer Phänomene, die der älteren Lehre noch unbekannt waren[19]; aber das interessanteste Ergebnis, zu dem die Elektronentheorie des Magnetismus führte, war die Erkenntnis eines gewissen magnetomechanischen Parallelismus, der für die Molekularströme besteht.

Ein mit träger Masse ausgestattetes kreisendes Elektron stellt nämlich einerseits einen winzigen Magneten dar, andererseits ist es in mechanischer Hinsicht einem Kreisel vergleichbar. Trifft aber nun diese Auffassung zu, dann müßte es, wie zuerst EINSTEIN erkannte, möglich sein, einen weichen Eisenstab durch rasches Ummagnetisieren in eine schwache, aber doch wahrnehmbare momentane Drehung zu versetzen. In der Tat ist die Durchführung dieses Experimentes im Jahre 1915 EINSTEIN in Gemeinschaft mit dem holländischen Physiker DE HAAS gelungen. Aus den Beobachtungen ging hervor, daß die magnetischen Erscheinungen offenbar durch negative Elektronen hervorgerufen werden müssen. Auch die Erscheinung, die dem von EINSTEIN entdeckten Effekt entgegengesetzt ist, ist beobachtet worden; es ist gelungen, einen weichen Eisenstab dadurch zu magnetisieren, daß man ihn um seine Achse rasch rotieren ließ.[20]

Bei den mannigfachsten Phänomenen sind so als die eigentlichen Erzeuger der Erscheinungen negative Elektronen erkannt worden, Teilchen, deren Masse nur einen winzigen Bruchteil der Masse eines Atoms bildet. Andererseits zeigen die Eigenschaften der positiven Strahlen, daß es positiv elektrische Teilchen gibt, deren Masse von der Größenordnung der Atommasse ist. Daß nun solche positive und negative Ladungen aber tatsächlich die Bestandteile darstellen, aus denen sich die Atome aller Elemente zusammensetzen, das ist durch eine Gruppe von Erscheinungen offenbar geworden, die für die Physik und für die Chemie eine solche Bedeutung erlangt haben, daß ihre Lehre heute eine Wissenschaft für sich bildet; es sind dies die Erscheinungen der Radioaktivität.

Wenige Monate nach der Entdeckung der Röntgenstrahlen machte BECQUEREL die überraschende Beobachtung, daß Verbindungen des Metalls Uran ohne jede Einwirkung von außen ständig Strahlen aussenden, die imstande sind, eine photographische Platte durch eine undurchsichtige Hülle hindurch zu schwärzen und weiterhin auch imstande sind, die Luft leitend zu machen und dadurch ein in der Nähe aufgestelltes geladenes Elektroskop zu entladen. Substanzen, die wie die Verbindungen von Uran und Thorium solche Strahlen aussenden, bezeichnet man als radioaktiv.[21] Im Jahre 1898 entdeckten nun PIERRE CURIE und seine Gattin MARYA nach langwierigen und mühevollen Untersuchungen, daß in der Pechblende, aus der das Uran gewonnen wird, in sehr geringer Menge ein bis dahin noch unbekanntes Element enthalten sei, das eine noch millionenmal stärkere Radioaktivität besitzt als das Uran selbst; dem neuen Element gaben die CURIE den Namen Radium.[22]

Die nächsten Jahre nach der Entdeckung des Radiums brachten Klarheit über das Wesen der von den radioaktiven Substanzen ausgehenden Strahlen. Es zeigte sich, daß diese Strahlen von dreierlei Art sind. Man unterscheidet sie als α-, β- und γ-Strahlen. Die β-Strahlen sind den vorhin besprochenen Kathodenstrahlen ähnlich, die α-Strahlen den vorhin erwähnten positiven Strahlen, die γ-Strahlen den Röntgenstrahlen. Die Gamma-Strahlen sind (wie schon im ersten Vortrage erwähnt wurde) besonders kurzwellige Röntgenstrahlen; ihre Schwingungszahl liegt, wie man seit Laues Entdeckung weiß, zumindest bis zu 17 Oktaven höher als die des sichtbaren violetten Lichtes. Sie beträgt bis über hundert Trillionen in der Sekunde.

Im Gegensatze zu den γ-Strahlen, die eine Art Licht darstellen, bestehen sowohl die α- als auch die β-Strahlen aus elektrisch geladenen und mit träger Masse ausgestatteten Teilchen. Den Beweis für die Richtigkeit dieser Auffassung liefert die Tatsache, daß sowohl α- als auch β-Strahlen durch einen Magneten abgelenkt werden. Die Beta-Strahlen bestehen aus negativ geladenen Teilchen, für deren spezifische Ladung sich derselbe Wert ergab wie bei den Kathodenstrahlen; die β-Strahlen bestehen also offenbar aus negativen Elektronen. Die Geschwindigkeit der β-Strahlen ist noch größer als die ja auch schon ungeheuere Geschwindigkeit der Kathodenstrahlen; sie beträgt zwischen 30 und 99,8 Prozent der Lichtgeschwindigkeit. Für die aus positiven Teilchen zusammengesetzten Alpha-Strahlen haben die Messungen Geschwindigkeiten zwischen etwa 5 und 7 Prozent der Lichtgeschwindigkeit ergeben; sie bewegen sich also langsamer als die β-Strahlen, aber immerhin rascher als die positiven Strahlen, denen sie im übrigen in ihrem Wesen gleichen. Die Natur der α-Strahlen selbst ist durch Beobachtungen eines merkwürdigen Phänomens enthüllt worden, das man als Szintillation bezeichnet.[23]

Bringt man nämlich in die Nähe eines radioaktiven Präparates einen Schirm, auf dessen Oberfläche Zinkblende aufgetragen ist, dann zeigt sich ein ständiges Aufblitzen einzelner Lichtpunkte. Es liegt nun die Annahme nahe, daß jeder Lichtblitz durch das Auftreffen je eines α-Teilchens verursacht wird. Indem man ein winziges Stück des Schirmes unter dem Mikroskop betrachtete, wurde es so möglich, die von einem aktiven Präparate in einer bestimmten Zeit ausgesandten Alpha-Teilchen direkt zu zählen.[24] Andererseits konnte man auch wieder die gesamte Ladung bestimmen, die die Strahlen mit sich führen.[25] So wurde es möglich, die Ladung eines einzelnen Alpha-Teilchens direkt zu ermitteln, und dafür ergab sich nun mit großer Genauigkeit ein Wert von zwei positiven elektrischen Elementarquanten. Aus den Beobachtungen über die elektrische und magnetische Ablenkung der α-Strahlen ist nun aber wieder die spezifische Ladung der α-Teilchen bekannt, also das Verhältnis ihrer Ladung zu ihrer Masse. War demnach der Wert der Ladung ermittelt, so war damit auch der Wert der Masse gegeben. Da ergab sich nun die überraschende Tatsache, daß die α-Teilchen dieselbe Masse besitzen wie die Atome des Gases Helium[26], dessen Atomgewicht vier beträgt und das nächst Wasserstoff das leichteste chemische Element ist. Die α-Teilchen sind demnach offenbar nichts anderes als Heliumatome, die allerdings nicht wie die gewöhnlichen in elektrischer Hinsicht neutral sind, sondern mit je zwei positiven Elementarquanten geladen erscheinen.

Die merkwürdigste Erscheinung, die man neben der Aussendung der drei Strahlenarten am Radium beobachtete und die zunächst das allergrößte Rätsel darstellte, ist die ständige ungeheure Wärmeentwicklung des Radiums; sie ist so groß, daß eine Menge Radium alle drei Viertelstunden von neuem eine gleich große Masse Wasser vom Schmelzpunkt bis zum Siedepunkt zu erhitzen vermöchte. Die Frage nach dem Ursprung der verhältnismäßig so ungeheuren Energie, die in der Strahlung oder der Wärmeentwicklung zum Vorschein kommt, mußte mit Recht das größte Interesse der Physiker erwecken, und dieses Interesse mußte noch erhöht werden durch den merkwürdigen Umstand, daß die radioaktive Strahlung durch äußere Umstände, wie namentlich durch Temperaturänderungen in keiner Weise beeinflußt wird, daß sie auch völlig unabhängig ist von der Art der chemischen Verbindung des radioaktiven Metalls.[27] Es mußte auch auffallen, daß Radioaktivität gerade bei den Elementen mit den höchsten Atomgewichten (Radium, Thorium, Uran[28]) beobachtet wurde. Den eigentlichen Weg zur Lösung aller dieser Rätsel wies aber erst die bedeutungsvolle Entdeckung der Emanationen.

Schon bald nach der Entdeckung des Radiums hatte das

Ehepaar CURIE beobachtet, daß Körper, die sich in demselben Raume mit Radium befanden, selbst radioaktiv wurden. Diese Erscheinung, die man zunächst (mit einem heute nicht mehr recht passenden Namen) als induzierte Radioaktivität bezeichnete, wurde dann von RUTHERFORD genauer bei dem Thorium untersucht; er stellte nun im Jahre 1900 die überraschende Tatsache fest, daß die von dem Thorium induzierte Aktivität durch das Vorhandensein eines selbst radioaktiven Gases bedingt ist, das sich ständig aus dem Thorium entwickelt. RUTHERFORD bezeichnete dieses Gas als Thorium-Emanation. Überdies fand aber RUTHERFORD, daß auch die Emanation, wenn man sie von dem Thorium trennt, verschwindet und daß sich aus ihr ein radioaktiver Niederschlag bildet, der als ein infolge seiner äußerst feinen Verteilung unsichtbarer Belag die Oberflächen aller Körper überzieht, die mit der Emanation in Berührung standen. Ähnliche Erscheinungen wie bei dem Thorium wurden bei dem Radium gefunden, dessen Emanation kurz nach der des Thoriums entdeckt wurde. Es wurde festgestellt, daß sich aus der Radium-Emanation wiederum andere radioaktive, feste Stoffe bei gleichzeitiger Aussendung von Strahlen der Reihe nach bilden. Sie treten in so verschwindend geringer Menge auf, daß man sie nicht anders messen kann als durch den Ladungsverlust, den infolge ihrer Strahlung ein in ihrer Nähe aufgestelltes geladenes Elektroskop erfährt. Aber immerhin ließ sich der Aggregatzustand all dieser Stoffe erkennen, ihr Schmelzpunkt oder ihr Siedepunkt ermitteln und auch ihre Löslichkeit in verschiedenen Säuren beurteilen.

Auf Grund aller dieser Beobachtungen stellten nun im Jahre 1902 RUTHERFORD und SODDY eine Theorie der Radioaktivität auf, die sich zwar durch große Einfachheit auszeichnete, die andererseits aber einen völligen Bruch mit bis dahin tief eingewurzelten und grundlegenden Vorstellungen der Physik und der Chemie bedeutete. Die Theorie von RUTHERFORD und SODDY, die als die Zerfallstheorie bezeichnet wird, beruht nämlich auf der Annahme einer Umwandlung der Atome der radioaktiven Substanzen. Die Lehre von der Radioaktivität erscheint dadurch in gewissem Sinne als ein völlig neues Gebiet der Naturlehre. Denn bei den Vorgängen, deren Beschreibung bis dahin der Physik zugefallen war, bleiben ja die Molekeln ungeändert; als chemisch bezeichnete man wieder solche Vorgänge, die innerhalb der Molekeln stattfinden, ohne aber in den Atomen Veränderungen hervorzurufen. Die Erscheinungen der Radioaktivität sollen hingegen nach der RUTHERFORDschen Theorie durch Vorgänge bedingt sein, die die Atome selbst verändern.

Die Atome denkt sich nämlich die Theorie von RUTHERFORD und SODDY aus positiv und negativ elektrischen Teilchen zusammengesetzt, deren Zahl und geometrische Anordnung den Charakter des betreffenden chemischen Elementes bestimmen sollen. Trotz der Kleinheit dieser Ladungen müssen doch infolge der sehr geringen Entfernungen verhältnismäßig starke anziehende und abstoßende Kräfte zwischen ihnen wirken[29]; dem Atom muß infolgedessen eine große innere Energie zukommen. Ist nun die Gleichgewichtslage, ist die Figuration, zu der die elektrischen Teilchen im Atom (oder in einem Teilbereiche des Atoms) angeordnet sind, nicht völlig stabil, so kann es vorkommen, daß sich die elektrischen Teilchen zu einer neuen Gleichgewichtslage umgruppieren. Dies würde aber die Bildung eines neuen chemischen Elementes bedeuten, das sich seinerseits natürlich wiederum in ein anderes Element verwandeln kann, und zwar um so rascher, je labiler seine Atome sind.

Bei der Umgruppierung der elektrischen Teilchen im Atom können negative oder positive Partikeln oder beide weggeschleudert werden, was infolge der verhältnismäßig enormen inneren Energie des Atoms mit ungeheurer Geschwindigkeit geschehen müßte. Daraus erklärt sich die Aussendung der β- und α-Strahlen; die Emission der γ-Strahlen ist wieder durch die elektromagnetischen Impulse begründet, die bei der Aussendung der beiden anderen Strahlenarten entstehen. Nun hat aber jedes α-Teilchen, wie schon erwähnt wurde, eine Masse von vier Wasserstoffatomen; es müßte daher das neue Element, das sich bei einer mit α-Strahlung verbundenen radioaktiven Umwandlung bildet, ein um vier (oder 8 oder 12) Einheiten niedrigeres Atomgewicht besitzen als die sogenannte Muttersubstanz und umgekehrt. In der Tat wurde das Atomgewicht der Radium-Emanation (222) um 4 niedriger befunden als das des Radiums und dieses um 12 niedriger als das des Urans (238).

Daß die Teilchen der α-Strahlen tatsächlich, wie schon ihre Masse vermuten läßt, nach erfolgter Neutralisierung ihrer Ladung mit Atomen des schon früher bekannten Gases Helium vollkommen identisch sind, ist durch RUTHERFORD im Jahre 1908 direkt auf spektroskopischem Wege gezeigt worden. Früher schon, im Jahre 1903, hatten RAMSAY und SODDY die Entstehung von Helium bei dem Zerfall der Radium-Emanation nachgewiesen und damit zuerst entdeckt, daß ein schon bekanntes Element aus einem anderen entstehen kann.[30]

Von der Stabilität der Anordnung der elektrischen Teilchen in einem Atom hängt die Wahrscheinlichkeit dafür ab, daß innerhalb einer bestimmten Zeit das betreffende Atom zufällig zerfalle. Je labiler die Anordnung ist, desto größer ist die Wahrscheinlichkeit; und da im allgemeinen die Anordnung um so labiler sein dürfte, je größer die Zahl der elektrischen Teilchen ist, die im Atom vereinigt sind, so ist es begreiflich, daß die Erscheinungen der Radioaktivität am ehesten bei den Elementen mit hohem Atomgewicht wahrgenommen werden.

Die Zeit, innerhalb deren sich eine beliebige Menge einer Substanz infolge des Zerfalles ihrer Atome auf die Hälfte vermindert, bezeichnet man als die Halbwertszeit der betreffenden Substanz. Für viele radioaktive Substanzen läßt sich die Halbwertszeit durch Beobachtung der Abnahme des Strahlungsvermögens ermitteln, für Radium auch (worauf hier nicht näher eingegangen werden soll) durch Zählung der emittierten α-Teilchen berechnen. Die Halbwertszeit beträgt für Radium 1580 Jahre, für die Radium-Emanation etwa 4 Tage, für die Thorium-Emanation gar nur etwa eine Minute. Für Substanzen von geringer Radioaktivität kann die Halbwertszeit auf Grund einer theoretisch ableitbaren Beziehung berechnet werden; es müssen sich nämlich die Mengen von Muttersubstanz und Umwandlungsprodukt, die in einem Präparat enthalten sind, zueinander so verhalten wie die Halbwertszeiten der beiden Substanzen. So hat man z. B. gefunden, daß auf ein Gramm Uran in allen Uranerzen ein Gehalt an Radium von etwa dem dreimillionsten Teil eines

Gramms kommt. Die Halbwertszeit des Urans muß daher etwa dreimillionenmal so groß sein wie die des Radiums, demnach etwa vier Milliarden Jahre betragen. Von einer Billion Uranatomen würde danach durchschnittlich erst etwa jeden zweiten Tag je eines zerfallen.

So ungeheuer groß ist die Stabilität der Uranatome, obwohl bei ihnen deutlich eine radioaktive Strahlung festgestellt werden kann. Noch viel geringer und somit ungeheuer klein muß daher die Wahrscheinlichkeit dafür sein, daß selbst innerhalb eines sehr großen Zeitraums ein Atom eines Elementes zerfalle, bei dem radioaktive Erscheinungen nicht beobachtet werden. Gleichwohl werden wir kaum glauben können, daß unter den Elementen gerade die uns als radioaktiv bekannten eine Sonderstellung einnehmen und von allen anderen in ihrem Wesen verschieden sein sollten. Wir müssen somit wohl in dem allmählichen Zerfall eine universelle Eigenschaft aller Materie erblicken, die eben nur bei verschiedenen Grundstoffen in verschiedenem Grade auftritt.

Durch die Entdeckung der radioaktiven Vorgänge hat so der Begriff des chemischen Elementes eine völlige Umgestaltung erfahren. Das während des 19. Jahrhunderts unantastbare Dogma von der absoluten, starren Unwandelbarkeit der Elemente ist gefallen; eine Umwandlung der Elemente ist nicht nur möglich, sondern zweifellos festgestellt; wie organische Wesen erscheinen uns heute die Elemente vergänglich und von begrenzter Lebensdauer. Vor allem hat aber die neue Physik zu der Erkenntnis geführt, daß die mannigfachen Elemente, die die Chemie unterscheidet, doch völlig einheitlicher Natur sind. Denn sie setzen sich alle aus positiv und negativ elektrischen Teilchen zusammen, und verschieden ist nur deren Anordnung und Zahl. Aus der Tatsache, daß sowohl der Zeeman-Effekt als auch die Erscheinungen des Magnetismus von negativen Elektronen hervorgerufen werden, mußte geschlossen werden, daß im Inneren des Atoms negative Elektronen, die nur einen sehr kleinen Teil der Atommasse bilden, in rascher periodischer Bewegung begriffen sind. Andererseits muß aber nun die gesamte positive Ladung des Atoms, wofern dieses nach außen hin neutral erscheinen soll, ebensogroß sein wie die Summe der Ladungen aller im Atom enthaltenen negativen Elektronen. Der Atomtheorie entstand somit ein grundlegendes Problem in der Frage, wie die positive Ladung im Atom verteilt zu denken sei. Über diese Frage gaben nun merkwürdige experimentelle Forschungsergebnisse des englischen Physikers C. T. R. WILSON Aufschluß.

Die nähere Untersuchung der α-Strahlen zeigte nämlich, daß jedes einzelne α-Teilchen infolge seiner elektrischen Ladung in der Luft Kondensationskerne für Wassertropfen erzeugen kann.[31] Durch eine geeignete Versuchsanordnung konnte es daher WILSON erreichen, daß die Bahnen der einzelnen α-Teilchen als feine Nebelstreifen erschienen. Deren photographische Aufnahme liefert somit ein Bild der Bahnen der α-Teilchen selbst. Die Photographien (Fig. 3 und 4) zeigen im allgemeinen gerade Linien, von denen jedoch manche um ziemlich große Winkel geknickt erscheinen. Es ist daher sehr wahrscheinlich, daß diese großen Ablenkungen von einem einzigen Zusammenstoß zwischen einem α-Teilchen und einem Atom herrühren. Andererseits durchdringen aber nun α-Strahlen gewöhnliche Luft einige Zentimeter weit, und daraus folgt, daß ein α-Teilchen durch viele Tausende von Atomen hindurchgeht. Auf Grund der WILSONschen Photographien mußte somit angenommen werden, daß ein α-Teilchen viele Tausende von Atomen durchqueren kann, ohne eine merkliche Änderung seiner Richtung zu erfahren, während bisweilen ein einziges Atom eine Ablenkung um sehr große Winkel hervorruft. Diese merkwürdige Tatsache läßt sich nun einfach durch die Annahme erklären, daß die Ablenkung die Folge einer abstoßenden Kraft ist, die auf das positive α-Teilchen die positive Ladung des durchquerten Atoms ausübt und daß diese positive Ladung in einem Volumen konzentriert ist, das nur einen sehr kleinen Teil des gesamten Volumens des Atoms bildet. Die WILSONschen Versuche stellen eine bedeutungsvolle Bestätigung einer Atomtheorie dar, die schon früher von RUTHERFORD ausgebildet worden war und derzufolge die positive Elektrizität den Atomkern darstellt, um den negative Elektronen wie Planeten um die Sonne kreisen.[32] Die weitere Ausgestaltung der RUTHERFORDschen Theorie ist allerdings erst auf Grund des in dem nächsten Vortrage zu besprechenden Quantenprinzipes möglich gewesen.

Durch die Elektronentheorie hat aber nun ein ebenso alter wie fundamentaler Begriff der Naturphilosophie völlig den Sinn geändert, den er durch viele Jahrhunderte hatte. Der Begriff der Materie existiert für die moderne Physik nicht mehr in seiner ursprünglichen Bedeutung. Bis vor kurzem hatte noch die Physik der massigen Materie die Elektrizität

Fig. 3.

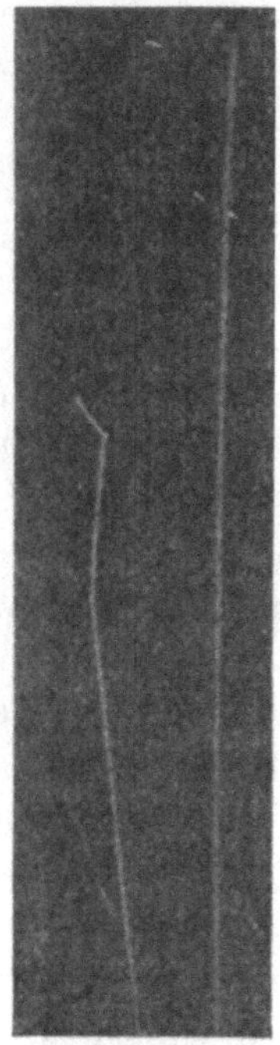

Fig. 4.

gegenübergestellt, in der sie nichts weiter als einen Zustand der massigen Materie erblickte. Die neueren Forschungen haben gezeigt, daß die Massigkeit überhaupt nur eine Folge des elektrischen Zustandes ist. In dem modernen System der Physik steht die Elektrizität nicht mehr an der Seite der Materie; sie ist an deren Stelle gerückt. In der Elektrizität darf die neue Physik den von den Forschern durch Jahrtausende gesuchten[33], einheitlichen Urstoff erblicken, aus dem alle sinnlich wahrnehmbaren Dinge gebildet sind.

Vierter Vortrag.

Die Quantentheorie.

In der kinetischen Wärmelehre und in der Elektronentheorie hatte das atomistische Prinzip bereits seine außerordentliche Fruchtbarkeit erwiesen durch seine Anwendung auf den inneren Bewegungszustand der Materie und auf die Elektrizität. Aus dem Bestreben, dem so bewährten Prinzip eine noch weitere und allgemeinere Ausdehnung zu geben, ist die Quantentheorie entstanden. Sie ist im Jahre 1900 aus einer Frage der Wärmestrahlungstheorie hervorgegangen und hat seitdem in rascher, noch lange nicht abgeschlossener Entwicklung die Physiker von Erfolg zu Erfolg geführt. Sie ermöglichte nicht nur die Aufstellung eines allgemeinen Strahlungsgesetzes, sie führte auch zu neuen Vorstellungen über die Ausbreitung des Lichtes. Sie erklärte das für die klassische Physik unverständliche Verhalten der Körper bei tiefsten Temperaturen. Die großartigsten Triumphe waren aber der Quantentheorie auf einem Gebiete beschieden, das überhaupt erst durch sie dem System der theoretischen Physik eingefügt wurde. Es ist die Lehre von den Spektralerscheinungen, durch die der innere Aufbau der Atome enthüllt wurde.

Die kinetische Wärmetheorie und die Elektronentheorie hatten das atomistische Prinzip auf die Gegenstände des physikalischen Geschehens angewendet; die Quantentheorie überträgt das atomistische Prinzip auf die physikalischen Prozesse selbst. Wie schon früher die Physik ihren Betrachtungen ein Elementarquantum der Masse und eines der Elektrizität zugrunde gelegt hatte, so elementarisiert die Quantentheorie eine physikalische Größe, die in gewissem Sinne die physikalischen Prozesse als solche mißt und deren große Bedeutung die Physiker schon im 18. Jahrhundert erkannt hatten; es ist die sogenannte Wirkung eines Prozesses, die durch Multiplikation von Energiebeträgen mit Zeitbeträgen erhalten wird. Die Quantentheorie beruht nun auf der Annahme, daß sich die Wirkung physikalischer Vorgänge aus elementaren Wirkungsquanten zusammensetze.[1]

Zur Anwendung gelangte dieser Gedanke zuerst in der Theorie der Wärmestrahlung. Vom modernen Standpunkte erscheint die Strahlungstheorie als die Lehre von den Wechselbeziehungen und Wechselwirkungen zwischen den den Raum erfüllenden elektromagnetischen Wellen und den mikromechanischen Vorgängen, die die Experimentalphysik als Wärme bezeichnet. Die Grundlage der neueren Strahlungstheorie bildet ein wichtiges Gesetz, das im Jahre 1859 von KIRCHHOFF aufgestellt wurde; es betrifft das sogenannte Emissionsvermögen. Man versteht darunter den Betrag der von einem warmen Körper ausgestrahlten Energie, bezogen auf eine Sekunde und auf ein Quadratzentimeter der Oberfläche des Körpers. KIRCHHOFF gelangte nun zu der Erkenntnis, daß das Emissionsvermögen eines Körpers außer von der Temperatur lediglich davon abhängt, in welchem Grade der Körper auf ihn fallende Wärmestrahlung absorbiert. Absorbiert er die Wärmestrahlung, also, wie wir heute sagen müssen, auf ihn auftreffende elektromagnetische Wellen vollkommen, so daß von den Wellen nichts reflektiert wird, so nennt man den Körper vollkommen schwarz.[2] Das Emissionsvermögen eines schwarzen Körpers hängt also nach KIRCHHOFF einzig und allein von der Temperatur ab.[3]

Welcher Art nun diese Abhängigkeit ist, das hat zuerst STEFAN im Jahre 1879 entdeckt, und für die von ihm aufgefundene Gesetzmäßigkeit hat dann BOLTZMANN zuerst eine exakte theoretische Begründung gegeben.[4] Nach dem sogenannten STEFAN-BOLTZMANNschen Gesetz ist das Emissionsvermögen eines Körpers der vierten Potenz der absoluten Temperatur des Körpers proportional. Das Verhältnis zwischen dem Emissionsvermögen eines schwarzen Körpers und der vierten Potenz seiner absoluten Temperatur muß daher eine universelle Konstante darstellen, die man die STEFANsche Konstante nennt. Man kann ihren Wert ermitteln, indem man die Abkühlung eines heißen Körpers beobachtet.

Die Strahlung, die von einem warmen Körper ausgeht, setzt sich nun aus elektromagnetischen Wellen von den mannigfachsten Perioden, von den verschiedensten Wellenlängen zusammen; die Gesamtheit aller möglichen Perioden, aller möglichen Wellenlängen von den kürzesten bis zu den längsten, bezeichnet man als das Spektrum im weitesten Sinne dieses Wortes. Daß indessen in der Strahlung eines warmen Körpers keineswegs alle Teile des Spektrums gleich intensiv vertreten sind, daß auch deren Anteile an der gesamten Strahlung sich mit der Temperatur ändern, das geht schon aus einer alltäglichen Beobachtung hervor. Wenn ein Körper erwärmt wird, so sendet er zunächst nur dunkle Wärmestrahlen aus, weil der dem Auge sichtbare Teil des Spektrums nur unmerklich in der Strahlung vertreten ist. Erst bei 525° C (über dem Schmelzpunkt des Eises) beginnen die Körper sichtbar zu glühen[5], zunächst in Rotglut, die dann bei fortgesetzter Steigerung der Temperatur allmählich in Gelbglut und schließlich in Weißglut übergeht.

Der theoretischen Physik entstand somit ein wichtiges, freilich auch äußerst schwieriges Problem in der Frage nach der spektralen Verteilung der Strahlungsenergie. Der Sinn dieser Frage möge durch ein Beispiel erläutert werden, das einem der Physik ganz fernstehenden Gebiete entnommen werde. Die Volkswirtschaftslehre untersucht die Verteilung des Volkseinkommens auf die verschiedenen Einkommenstufen. Sie konstruiert Stufen des jährlichen Einkommens, die um einen konstanten Betrag (von etwa hundert Mark) steigen mögen, und legt sich nun die Frage vor, welche prozentuellen Bruchteile des gesamten jährlichen Volkseinkommens auf die einzelnen Einkommenstufen entfallen. Jedenfalls wird dann eine Stufe dadurch ausgezeichnet sein, daß ihr prozentueller Anteil am gesamten Volkseinkommen am größten ist. In ganz analoger Weise kann die theoretische Physik das Spektrum nach Wellenlängen abstufen[6] und die grundlegende Frage untersuchen, welche Anteile an der gesamten von einem Körper ausgestrahlten Energie, welche Anteile also an dem gesamten Emissionsvermögen den einzelnen Stufen des Spektrums bei bestimmten Temperaturen zukommen; auch da wird es sich zeigen, daß es in jedem Falle eine bestimmte Stufe des Spektrums gibt, für die dieser Anteil am größten ist. Indem man die Stufen recht klein wählt, läßt sich derart eine bestimmte Wellenlänge ermitteln, für die das sogenannte spezifische Emissionsvermögen am größten ist.

Im Jahre 1893 hat nun WIEN auf theoretischem Wege die wichtige Entdeckung gemacht, daß das Produkt aus dieser Wellenlänge und der absoluten Temperatur des strahlenden Körpers eine universelle Konstante darstellt, die man darum die WIENsche Konstante nennt. Je höher die Temperatur, desto kleiner ist daher die ausgezeichnete Wellenlänge. Die ihr entsprechende Stelle im Spektrum verschiebt sich also mit zunehmender Temperatur in der Richtung von größeren zu kleineren Wellenlängen, also innerhalb des sichtbaren Spektrums in der Richtung von Rot zu Violett.[7] Man bezeichnet darum das von WIEN aufgefundene Gesetz als Verschiebungsgesetz. Seine Richtigkeit ist durch experimentelle Untersuchungen vollkommen bestätigt worden, und dadurch war es andererseits auch möglich, die WIENsche Konstante ziemlich genau zu ermitteln.[8]

Die Auffindung des Verschiebungsgesetzes bedeutete einen großen und wesentlichen Erfolg auf dem Wege zu der Lösung des Grundproblems der Strahlungstheorie, nämlich der Frage nach der spektralen Energieverteilung in ihrer Abhängigkeit von der Temperatur. Diesem Problem gegenüber versagte aber nun die klassische Physik. Wohl führte sie auf zwei ganz verschiedenen Wegen zu zwei verschiedenen Gesetzen, die Lösungen jenes Problems darstellen sollten; aber der experimentellen Prüfung konnte keines der beiden Gesetze Stand halten. Es zeigte sich, daß beide nur ein beschränktes Geltungsgebiet haben und keines allgemeine Gültigkeit besitzt.[9] Die vollständige Lösung des Strahlungsproblems ist erst im Jahre 1900 PLANCK gelungen, als er die geniale Hypothese des elementaren Wirkungsquantums ersann und sie auf die Strahlungserscheinungen anwandte.

PLANCK machte die Annahme, daß die Aussendung von Strahlung diskontinuierlich erfolge, derart, daß dabei Energieelemente eine Rolle spielen; deren Größe sollte wiederum durch die Forderung bestimmt sein, daß das Produkt aus einem

Energieelement und der Zeit seiner Schwingungsperiode gleich wäre dem elementaren Wirkungsquantum. Da zu der Schwingungsperiode die Schwingungszahl reziprok ist, so müßte somit jedes Energieelement gleich sein dem Produkt aus dem elementaren Wirkungsquantum und der Schwingungszahl. Die Energieelemente verschiedenfarbiger Strahlung wären also nicht gleich groß, sondern bei ultraroter Strahlung viel kleiner als bei ultravioletter; bei violetter wären sie etwa doppelt, bei grüner etwa einundhalbmal so groß wie bei roter.

Mittels der Hypothese der Energieelemente vermochte PLANCK ein Strahlungsgesetz abzuleiten, das für alle Temperaturen die Verteilung der Strahlungsenergie über alle Teile des Spektrums in Übereinstimmung mit der experimentellen Beobachtung richtig wiedergibt.[10] Aber die Bedeutung des PLANCKschen Strahlungsgesetzes reichte noch weit über das Gebiet der eigentlichen Strahlungslehre hinaus; denn das PLANCKsche Gesetz führte zuerst unmittelbar zu der genauen Bestimmung der wichtigsten universellen Konstanten der Physik. Aus dem PLANCKschen Gesetz folgten nämlich zwei Gleichungen, die die empirisch ermittelten Konstanten des STEFANschen und des WIENschen Gesetzes mit zwei für das moderne System der Physik grundlegenden Größen verknüpfen, deren eine noch völlig unbekannt, deren andere nur durch grobe Schätzung bekannt war. Die erste Größe war eben das hypothetische elementare Wirkungsquantum, die andere die Masse des Wasserstoffatoms, die bis dahin nur der Größenordnung nach von LOSCHMIDT abgeschätzt worden war. Indem nun PLANCK jene zwei Gleichungen nach ihren beiden Unbekannten auflöste, fand er sehr genau die Werte des elementaren Wirkungsquantums und der Masse des Wasserstoffatoms. Für letztere erhielt er den (schon in einem früheren Vortrage angegebenen) Wert von dem quadrillionsten Teile von einundeinhalb Gramm[11], und hieraus konnte PLANCK auch wieder auf Grund bekannter elektrochemischer Konstanten das elektrische Elementarquantum sehr genau berechnen.

Der Wert, den PLANCK für das elementare Wirkungsquantum erhielt, erscheint vom menschlichen Standpunkte aus sehr klein. Von seiner Größe gewinnt man eine Vorstellung, wenn man Energieelemente von sichtbarer Strahlung betrachtet. Für violette Strahlung, deren Schwingungszahl den ungeheuren Wert von 800 Billionen in der Sekunde hat, würden gleichwohl die Energieelemente so klein sein, daß erst zwanzig Trillionen von ihnen der Energie gleich kämen, die aufgewendet werden muß, um ein Gewicht von einem Kilogramm einen Meter hoch zu heben.[12]

Fünf Jahre nun, nachdem PLANCK in so erfolgreicher Weise die Quantentheorie begründet hatte, entdeckte im Jahre 1905 EINSTEIN ein neues wichtiges Anwendungsgebiet des Quantenprinzipes in einer Gruppe von Erscheinungen, bei denen sich entweder Licht in Licht von anderer Periode oder Bewegungsenergie in Licht oder schließlich umgekehrt Licht in Bewegungsenergie umwandelt. Der erste Vorgang — die Verwandlung von Licht in solches von anderer Schwingungszahl — erfolgt bei dem Phänomen der Fluoreszenz, das sowohl bei dem sichtbaren Lichte als auch bei Röntgenstrahlen wahrgenommen wird.[13] Der zweite Vorgang, bei dem durch Bewegungsenergie Licht erzeugt wird, wird beobachtet, wenn Kathodenstrahlen, die ja aus trägen, mit ungeheurer Wucht bewegten Teilchen bestehen, Röntgenstrahlen erregen. Der dritte Vorgang, die Erzeugung von Bewegungsenergie durch Licht, ist als lichtelektrischer Effekt bekannt; bei ihm werden durch ultraviolettes Licht oder Röntgenstrahlen aus den bestrahlten Körpern Elektronen losgerissen.

Für merkwürdige Tatsachen, die bei den erwähnten Phänomenen den Forschern auffielen, fand nun EINSTEIN eine einfache Deutung, als er annahm, daß die Energieelemente nicht nur bei der Aussendung von Strahlung durch warme Körper eine Rolle spielen, sondern daß sich auch das Licht selbst in Lichtquanten ausbreite, deren Energie eben durch das Produkt aus elementarem Wirkungsquantum und Schwingungszahl bestimmt wäre. Auf Grund dieser Hypothese leitete EINSTEIN für den lichtelektrischen Effekt ein Gesetz ab, das in der Tat durch die experimentelle Beobachtung vollkommen bestätigt wurde.[14] Ja das EINSTEINsche Gesetz ist so genau erfüllt, daß auf die Ausmessung des lichtelektrischen Effektes der amerikanische Physiker MILLIKAN eine Methode zur direkten Bestimmung des elementaren Wirkungsquantums gründen konnte. Der Wert, den MILLIKAN so erhielt, stimmt vollkommen mit demjenigen überein, den auf einem ganz verschiedenen Wege PLANCK gefunden hatte.

Zwei Jahre, nachdem EINSTEIN die Vorstellung der Lichtquanten begründet hatte, also im Jahre 1907, entdeckte er ein weiteres, sehr bedeutungsvolles Anwendungsgebiet der Quantenhypothese in der Theorie der spezifischen Wärme fester Körper. Unter der spezifischen Wärme einer Substanz versteht man die Wärmemenge, die man einem Gramm der Substanz zuführen muß, um ihre Temperatur um einen Grad zu erhöhen. Im Jahre 1819 hatten nun DULONG und PETIT eine interessante Beziehung zwischen der spezifischen Wärme eines festen Grundstoffes und seinem Atomgewicht entdeckt. Nach dem sogenannten Gesetz von DULONG und PETIT soll nämlich das Produkt aus beiden Größen, das als die Atomwärme bezeichnet wird, für alle festen Grundstoffe denselben Wert haben.[15] Diese Beziehung, die später auch theoretisch begründet wurde, wird in der Tat durch die Erfahrung im allgemeinen gut bestätigt. Aber schon damals, als das Gesetz aufgestellt wurde, fielen sehr große Abweichungen bei einigen Elementen mit niedrigem Atomgewicht auf, so bei Beryllium, bei Bor und vor allem bei dem Diamanten. Später stellte man auch die überraschende Tatsache fest, daß namentlich bei dem Diamanten die spezifische Wärme bei starker Abkühlung sehr abnimmt.[16]

Die Abweichungen von dem DULONGschen Gesetz vermochte die klassische Physik nicht zu erklären. Wohl aber fanden sie eine einfache Deutung, als EINSTEIN auf die Wärmetheorie der festen Körper das Quantenprinzip anwandte. In Anlehnung an ältere Vorstellungen nahm nämlich EINSTEIN an, daß die Wärme der festen Körper auf Schwingungen ihrer Atome beruhe, und er nahm nun weiter an, daß die Energie dieser Schwingungen sich im Sinne der PLANCKschen Hypothese aus Energieelementen zusammensetze, die also der Schwingungszahl proportional wären. Durch diese Annahme EINSTEINS wurde nicht nur der Abfall der spezifischen Wärme bei tiefen Temperaturen verständlich, sondern auch die Tatsache, daß selbst bei Zimmertemperatur merkliche Abweichungen von dem DULONGschen Gesetze bei Elementen auftreten, deren Atome besonders leicht sind und daher besonders rasch schwingen.[17] Der EINSTEINsche Gedanke ist später von verschiedenen Forschern weiter ausgestaltet worden, so namentlich von DEBYE, der die EINSTEINsche Theorie vervollkommnete und sie dadurch in eine noch bessere Übereinstimmung mit der Erfahrung brachte. Durch seine Überlegung gelangte DEBYE im Jahre 1912 zu einem Gesetz, wonach bei sehr tiefen Temperaturen die spezifische Wärme eines festen Körpers der dritten Potenz der absoluten Temperatur proportional ist.

Der Satz von DEBYE deckt sich in seinen Folgerungen mit sehr bedeutungsvollen Schlüssen, die früher bereits NERNST aus einem im Jahre 1906 von ihm aufgestellten Prinzip gewonnen hatte. Dieses Prinzip, das gewöhnlich als der NERNSTsche Wärmesatz bezeichnet wird, schuf völlig neue Grundlagen für die Wärmelehre und die Thermochemie tiefer Temperaturen und erwies in vielfacher Hinsicht seine außerordentliche Fruchtbarkeit und seine gute Übereinstimmung mit der Erfahrung. Der Inhalt des NERNSTschen Wärmesatzes läßt sich freilich schwer in eine für den Laien verständliche Form bringen; im wesentlichen besagt er, daß bei sehr tiefen Temperaturen der Temperaturbegriff die Bedeutung verliert, die er unter normalen Verhältnissen hat. Die spezifische Wärme nimmt eben bei sehr tiefen Temperaturen mit fallender Temperatur rapid ab; eine Wärmemenge, die bei Zimmertemperatur die Temperatur eines Körpers nicht merklich zu steigern vermöchte, kann bei sehr großer Kälte eine Erhöhung um viele Grade hervorrufen. Eine Wärmemenge, die bei Zimmertemperatur einen Körper merklich ausdehnt, vermag bei sehr großer Kälte eine beobachtbare Vergrößerung des Volumens des Körpers nicht zu bewirken.[18]

Der universelle Charakter der Quantenhypothese war so bereits auf drei ganz verschiedenen Gebieten erkannt worden, in der Theorie der Wärmestrahlung, in der Theorie des lichtelektrischen Effektes und in der Theorie der spezifischen Wärme; da erschloß im Jahre 1913 der dänische Physiker BOHR der Quantentheorie das Anwendungsgebiet, auf dem ihr die großartigsten Erfolge beschieden sein sollten. Indem nämlich BOHR die Hypothese des elementaren Wirkungsquantums mit der RUTHERFORDschen Atomtheorie verschmolz, gelang ihm die Begründung einer Spektraltheorie, die zugleich durch ihre weitere Ausgestaltung die Lösung des schwierigen Problems des Atombaues erbrachte.

Im Jahre 1859 hatten KIRCHHOFF und BUNSEN die bedeutungsvolle Entdeckung gemacht, daß in den Spektren der chemischen Grundstoffe für diese Grundstoffe charakteristische Linien von bestimmten Schwingungszahlen auftreten. Im Jahre 1885 hat dann BALMER die äußerst wichtige Tatsache entdeckt, daß zwischen den Linien des Wasserstoffspektrums sehr einfache zahlenmäßige Beziehungen bestehen. Die Schwingungszahlen der einzelnen Wasserstofflinien, sowohl derjenigen, die schon BALMER bekannt waren, als auch jener, die erst später entdeckt wurden, sind nämlich durch Differenzen von der Form darstellbar $R/m^2 - R/n^2$, wobei sowohl m als auch n stets einfache ganze Zahlen sind; R aber bedeutet eine konstante Schwingungszahl von 3291 Billionen in der Sekunde, eine Schwingungszahl also, die um ungefähr zwei Oktaven höher liegt als die des sichtbaren violetten Lichtes.[19]

In den Neunziger Jahren des 19. Jahrhunderts machte nun schon der schwedische Physiker RYDBERG die wichtige Entdeckung, daß die Schwingungszahl R, die darum die RYDBERGsche Konstante genannt wird, nicht nur für die Struktur des Wasserstoffspektrums maßgebend ist, sondern daß sie auch eine wesentliche Rolle in den (allerdings komplizierteren) Formeln spielt, die die Gesetzmäßigkeiten anderer chemischer Grundstoffe[20] beschreiben. Die RYDBERGsche Schwingungszahl gewinnt dadurch die Bedeutung einer universellen Konstanten; und im Jahre 1910 fand nun der Verfasser dieser Schrift, indem er zuerst das Quantenprinzip auf die Theorie des Atoms und die Theorie der Spektren anwandte, eine Beziehung, die die RYDBERGsche Konstante mit den Grundgrößen der Quantentheorie und der Elektronentheorie verknüpft, nämlich mit dem elementaren Wirkungsquantum, mit dem elektrischen Elementarquantum und mit der Masse des negativen Elektrons.[21]

Im Jahre 1913 gelang nun BOHR eine überraschend einfache Deutung der Gesetzmäßigkeit des Wasserstoffspektrums dadurch, daß er der Quantentheorie des Atoms das Atommodell zugrunde legte, das kurz vorher RUTHERFORD ersonnen hatte. Nach der schon früher (im dritten Vortrag) besprochenen Anschauung von RUTHERFORD hat man sich das Wasserstoffatom gebildet zu denken aus einem den Atomkern darstellenden positiven Elektron und einem negativen Elektron, das den Kern umkreist. Von der Masse des Atoms entfällt nur etwa der 1840ste Teil auf das negative Elektron, während der Rest der Masse dem Atomkern zugeschrieben werden muß.

Auf dieses RUTHERFORDsche Modell des Wasserstoffatoms wandte nun BOHR die Quantentheorie in zweifacher Hinsicht an. Seine erste Annahme bezieht sich auf die Kreisbewegung des negativen Elektrons. Während nach der klassischen Physik diese Bewegung in Bahnen von ganz beliebigen Bahnhalbmessern erfolgen könnte, ohne daß eine Bahn irgend einen Vorzug vor der anderen hätte, nahm BOHR an, daß solche Bahnen ausgezeichnet seien, bei denen eine bestimmte, die Bewegung in mechanischer Hinsicht charakterisierende Größe[22] ein ganzzahliges Vielfaches des elementaren Wirkungsquantums ist. Je nach dem Werte, den die eben erwähnte ganze Zahl hat, spricht man daher von einer einquantigen Bahn, einer zweiquantigen Bahn, einer dreiquantigen und so fort. Jeder Bahn von bestimmter Quantenzahl entsprechen ganz bestimmte Werte des Bahnhalbmessers, der Geschwindigkeit, der Umlaufszahl und der Energie. Für die einquantige Bahn, die den Normalzustand darstellt, beträgt z. B. die Geschwindigkeit den ungefähr 140sten Teil der Lichtgeschwindigkeit, die Umlaufszahl beträgt ungefähr 6000 Billionen in der Sekunde. Die Energie, die das Wasserstoffatom im einquantigen Zustande besitzt, ist einfach gleich dem Produkt aus der RYDBERGschen Konstanten und dem elementaren Wirkungsquantum. Für den einquantigen Bahnhalbmesser ergibt sich ein Wert von ungefähr dem zwanzigsten Teil eines milliontel Millimeters.

Mit den Werten nun, die die BOHRsche Theorie für den normalen einquantigen Atomzustand ergibt, stehen in einem äußerst einfachen Zusammenhange die Werte, die für mehrquantige Zustände gelten. Den Radius, der einer Bahn von beliebiger Quantenzahl entspricht, findet man, indem man den der einquantigen Bahn mit dem Quadrate der Quantenzahl multipliziert. Der Radius der zweiquantigen Bahn ist also viermal, der der dreiquantigen Bahn neunmal, der der vierquantigen Bahn sechzehnmal so groß wie der der einquantigen. Das Umgekehrte gilt für die Energie. Im zweiquantigen Zustand ist die Energie des Atoms nur ein viertelmal, im dreiquantigen nur ein neuntelmal, im vierquantigen nur ein sechzehntelmal so groß wie im einquantigen Zustand; man erhält die Energie in einem beliebigen quantentheoretisch ausgezeichneten Zustand, indem man die des einquantigen Zustandes durch das Quadrat der Quantenzahl dividiert.

Nun erscheint ja andererseits nach dem früher Gesagten die Frequenz einer Linie des Wasserstoffspektrums als Differenz zweier Glieder, deren jedes bei gleichem Zähler das Quadrat einer ganzen Zahl im Nenner enthält. Um die Gesetzmäßigkeit des Wasserstoffspektrums erklären zu können, brauchte darum BOHR seiner ersten Annahme nur noch eine zweite hinzuzufügen, die sich unmittelbar aus dem Quantenprinzip und insbesondere aus der EINSTEINschen Hypothese der Lichtquanten ergibt. BOHR nahm nämlich an, daß das Atom Licht nur dann aussende, wenn es aus einem quantentheoretisch ausgezeichneten Zustand in einen anderen ebenfalls ausgezeichneten übergeht, und daß die durch diesen Übergang überschüssig werdende Energie sich in ein Lichtquantum umsetze. Mit anderen Worten, es muß die Differenz der Energiewerte, die den beiden ausgezeichneten Zuständen entsprechen, gleich sein dem Produkte aus dem elementaren Wirkungsquantum und aus der Frequenz des ausgesandten Lichtes. Durch diese sogenannte Frequenzbedingung soll die Schwingungszahl der Spektrallinie bestimmt sein, die durch den Übergang erzeugt wird. Da die Werte der Energie umgekehrt proportional sind den Quadraten der Quantenzahlen, so erklärt es sich durch die Frequenzbedingung in der Tat, daß die Schwingungszahlen der Wasserstofflinien darstellbar sind als Differenzen zweier Brüche, die bei gleichem Zähler im Nenner Quadrate verschiedener ganzer Zahlen enthalten. Andererseits erscheint wieder durch die Frequenzbedingung die RYDBERGsche Konstante verknüpft mit den Größen, die das Wasserstoffatom vom elektronentheoretischen Standpunkte aus charakterisieren. Auf Grund dieser Beziehung ist es nun auch möglich, das elementare Wirkungsquantum aus spektroskopischen Messungen sehr genau zu berechnen; der so gefundene Wert stimmt vollkommen mit dem überein, den PLANCK aus seinem Strahlungsgesetz abgeleitet hatte, und ebenso mit demjenigen, den später MILLIKAN, wie erwähnt, aus lichtelektrischen Messungen erhielt.

Da jede Spektrallinie durch einen Übergang zwischen zwei Zuständen entsteht, so ergibt sich eine zweifache Mannigfaltigkeit von Spektrallinien. Zu jedem Endzustand von bestimmter Quantenzahl gehört eine Serie von Spektrallinien, deren einzelne Linien wieder durch die Quantenzahlen des Anfangszustandes bestimmt sind. (Die Zahl *m* bestimmt bei der Emission den Endzustand, die Zahl *n* den Anfangszustand; bei gegebenem *m* kann noch *n* die Reihe der ganzen Zahlen durchlaufen.[23]) Die für das menschliche Auge sichtbare, die sogenannte optische Serie des Wasserstoffspektrums entsteht durch Übergang in den zweiquantigen Endzustand, bei dem Übergang aus dem dreiquantigen in den zweiquantigen Zustand entsteht eine rote, bei dem Übergang aus dem vierquantigen in den zweiquantigen Zustand eine blaue Linie.[24] Wächst die Quantenzahl der Anfangsbahn, so nähern sich nach der BALMERschen Formel die Linien der optischen Serie immer mehr einer Schwingungszahl, die gleich ist der RYDBERGschen Konstanten, gebrochen durch das Quadrat von zwei. Diese Grenze der optischen Serie liegt im Ultravioletten. Von der optischen Serie hat man insgesamt 33 Linien bisher beobachten können.[25] Die Serie, die dem einquantigen Endzustand entspricht, liegt im Ultravioletten, die Serien, deren Endzustand dreiquantig oder vierquantig ist, im Ultraroten. Dadurch erklärt es sich, daß diese schwerer feststellbaren Serien erst später als die optische entdeckt worden sind.[26]

Es sei nur kurz erwähnt, daß die BOHRsche Theorie auch zu einer einfachen Deutung des Spektrums des Heliums[27] führte, ja, daß erst durch die BOHRsche Theorie Serien, die bis dahin fälschlich dem Wasserstoff zugeschrieben worden waren, als Heliumserien erkannt wurden.[28] Es war ein großer Erfolg für die BOHRsche Theorie, daß es später tatsächlich, wie es die Theorie vorausgesagt hatte, gelang, diese früher fälschlich dem Wasserstoff zugeschriebenen Linienserien in solchen GEISSLERschen Röhren hervorzurufen, die mit reinem Heliumgas gefüllt und frei von jeder Beimengung von Wasserstoff waren.[29]

Für die neue Auffassung des Heliumspektrums vermochte aber eine noch glänzendere Bestätigung BOHR selbst auf rein theoretischem Wege zu erbringen, und zwar auf Grund der merkwürdigen Tatsache, daß bei dem Helium-Spektrum die Übereinstimmung zwischen den theoretisch berechneten und den tatsächlich beobachteten Schwingungszahlen der Linien nicht so vollkommen erschien wie bei dem Wasserstoff. Wie öfter in der Geschichte der Physik, so erwiesen sich auch hier die ursprünglichen vermeintlichen Abweichungen von der Theorie nach der Vervollkommnung der Theorie als deren glänzendste Bestätigung.[30] Die Vervollkommnung der Theorie bestand in diesem Falle darin, daß BOHR auch die Mitbewegung des Atomkernes berücksichtigte. Tatsächlich kreist ja bei dem BOHRschen Wasserstoffatommodell (dem das Heliumatommodell analog ist[31]) nicht das negative Elektron um den Kern, sondern beide, negatives Elektron und Kern, kreisen um ihren gemeinschaftlichen Schwerpunkt.[32] Indem BOHR diesen ursprünglich nicht beachteten Umstand nunmehr auch berücksichtigte, konnte er nicht nur die vermeintlichen Abweichungen des Heliumspektrums vollkommen erklären, sondern sogar aus der Größe dieser vermeintlichen Abweichungen recht genau eine fundamentale Konstante der Elektronentheorie berechnen, nämlich das Verhältnis zwischen der Ladung und der Masse der negativen Elektronen. Der Wert, den BOHR so erhielt, stimmte wieder vollkommen mit demjenigen überein, der auf ganz anderem Wege schon früher durch Messungen an Kathodenstrahlen gewonnen worden war; in der Tat ein glänzender Triumph für die BOHRsche Theorie.

Zwei Jahre nun, nachdem BOHR in so erfolgreicher Weise die Quantentheorie der Spektren geschaffen hatte, erfuhr diese Theorie im Jahre 1915 eine bedeutungsvolle Erweiterung durch SOMMERFELD. Das Verhältnis dieses Forschers zu BOHR ist in gewissem Sinne vergleichbar mit dem Verhältnis KEPLERS zu COPERNICUS. Wie sich einst COPERNICUS die Planetenbahnen kreisförmig gedacht hatte, KEPLER aber sie als Ellipsen behandelte und damit einen gewaltigen Fortschritt vollzog, so ersetzte auch SOMMERFELD die kreisförmigen Bahnen des BOHRschen Atommodells durch elliptische. Die Theorie wurde dadurch natürlich wesentlich komplizierter. Denn ein Kreis ist durch eine einzige Größe bestimmbar, nämlich durch seinen Halbmesser, eine Ellipse hingegen erst durch zwei Größen, etwa ihre große und ihre kleine Achse. In der SOMMERFELDschen Theorie erfordert daher jede quantentheoretisch ausgezeichnete Bahn zu ihrer Kennzeichnung je zwei Quantenzahlen. Die Spektrallinien stellen somit in der SOMMERFELDschen Theorie eine größere Mannigfaltigkeit dar, da sowohl der Anfangszustand als auch der Endzustand erst durch je zwei Quantenzahlen gegeben ist.

Als SOMMERFELD auf dieser Grundlage die Spektraltheorie ausgestalten wollte, erhielt er aber zunächst nur ganz dieselben Linien wie BOHR, höchstens mit dem Unterschiede, daß sich für jede dieser Linien nunmehr mehrere Entstehungsmöglichkeiten ergaben, während die BOHRsche Theorie für jede Linie nur eine einzige Entstehungsmöglichkeit gekannt hatte. Die Ellipsenhypothese erschien somit zunächst nur als eine überflüssige und zwecklose Komplizierung der früheren Theorie. Ihre außerordentliche Fruchtbarkeit erwies aber die neue Hypothese, als sie SOMMERFELD mit einem fundamentalen Satze der Relativitätstheorie verknüpfte. Es ist der (im sechsten Vortrag zu besprechende) Satz, demzufolge die Masse eines Körpers von seiner Geschwindigkeit abhängt. Da die Geschwindigkeit des negativen Elektrons im Wasserstoffatom einige Tausendstel der Lichtgeschwindigkeit beträgt, sind ja merkliche Abweichungen von der klassischen Mechanik sehr wohl möglich.

Indem nun SOMMERFELD die Abhängigkeit der Masse von der Geschwindigkeit berücksichtigte, fand er, daß bei den mehrfachen Übergängen, die in seiner Theorie an die Stelle eines einzigen BOHRschen Überganges treten, nicht genau dieselbe Linie entsteht, sondern verschiedene Linien, deren Schwingungszahlen untereinander allerdings nur sehr, sehr wenig abweichen. In der SOMMERFELDschen Theorie erscheint also jede BOHRsche Linie aufgelöst in eine Gruppe von einander äußerst eng benachbarten Linien. Die Struktur dieser Gruppe bezeichnet man als die Feinstruktur jener, im BOHRschen Sinne einheitlichen Spektrallinie.

Mittels stark auflösender Spektralapparate konnte die Feinstruktur vor allem bei den Heliumlinien sehr genau untersucht und gemessen werden, und in der Tat haben diese Messungen die SOMMERFELDsche Theorie vollkommen qualitativ und quantitativ bestätigt. Im übrigen ist die Übereinstimmung der BOHR-SOMMERFELDschen Theorie mit der Erfahrung so vollkommen, daß es möglich ist, lediglich durch spektroskopische Messungen das elementare Wirkungsquantum und die beiden Grundgrößen der Elektronentheorie zu berechnen, nämlich das elektrische Elementarquantum und die Masse der negativen Elektronen. Um diese drei für die moderne Physik fundamentalen Konstanten zu ermitteln, braucht man nur das gewöhnliche Wasserstoffspektrum auszumessen, die vorhin erwähnten vermeintlichen Abweichungen des Heliumspektrums von der Theorie festzustellen und schließlich die Feinstruktur des Heliumspektrums zu messen.

Zu einer sehr genauen Ermittlung der atomistischen Konstanten verfährt derzeit die theoretische Physik allerdings am besten so, daß sie mit den spektroskopischen Methoden eine direkte Bestimmung des elektrischen Elementarquantums kombiniert. Bei dieser Bestimmung wird ein kleines Materieteilchen, am besten ein Öltröpfchen, im Mikroskop unter dem doppelten Einfluß seines eigenen Gewichtes und eines vertikal nach aufwärts wirkenden elektrischen Feldes beobachtet. Wenn das Teilchen schwebt, so muß sein Gewicht ebenso groß sein wie die elektrische Kraft, die wiederum bei gegebenem elektrischen Felde der Ladung des Teilchens proportional ist. Das Gewicht des Teilchens kann aber nach einer bestimmten Beziehung aus seiner Fallgeschwindigkeit ermittelt und so auch die Ladung selbst gemessen werden. Ist die Ladung hinreichend klein, so erweist sie sich als ganzzahliges Vielfaches eines elektrischen Elementarquantums, das derart von MILLIKAN sehr genau, mit einer Fehlergrenze von einem Promille, bestimmt werden konnte.[33]

Ist nun das elektrische Elementarquantum bekannt, so ist damit auch die Masse des Wasserstoffatoms gegeben. Denn auf Grund der schon von FARADAY angestellten Messungen weiß man sehr genau, welche Elektrizitätsmenge von einem Gramm Wasserstoff bei der Elektrolyse transportiert wird.[34] Man kennt somit für die ionisierten Wasserstoffatome das Verhältnis zwischen ihrer Ladung und ihrer Masse. Da aber nun angenommen werden muß, daß einem ionisierten Wasserstoffatom die Ladung eines elektrischen Elementarquantums anhaftet, so ist somit mit dem Elementarquantum auch die Atommasse des Wasserstoffs gegeben. So ergibt sich mit einer Fehlergrenze von wohl höchstens einem Prozent, daß eine Quadrillion Wasserstoffatome 1,66 g wiegt.[35]

Aber auch die Masse des negativen Elektrons ist genau bekannt, sobald man erst den genauen Wert des elektrischen Elementarquantums weiß. Denn die spezifische Ladung der negativen Elektronen ist sowohl aus der Ablenkung der Kathodenstrahlen bekannt als auch (nach der BOHRschen Theorie) aus den Abweichungen zwischen dem Helium- und dem Wasserstoffspektrum.[36] Kennt man schließlich das elektrische Elementarquantum und die Masse des negativen Elektrons genau, so kann aus der Formel für die RYDBERGsche Konstante auch das elementare Wirkungsquantum mit einer Genauigkeit von etwa einem halben Prozent berechnet werden.[37]

Die eben angeführten Methoden sind wohl die genauesten, aber keineswegs die einzigen. Eine Reihe von Phänomenen, die eine Bestimmung atomistischer Konstanten gestatten, ist ja schon bei vielen früheren Gelegenheiten erwähnt worden, so z. B. die Ablenkung der Alphastrahlen, die Szintillation, der lichtelektrische Effekt, das STEFANsche Gesetz, das WIENsche Verschiebungsgesetz; auch aus der BROWNschen Bewegung und aus anderen molekularen Schwankungserscheinungen kann die Atommasse berechnet werden. Innerhalb der Fehlergrenzen erhält man für die physikalischen Grundgrößen nach all diesen Methoden doch dieselben Werte.[38]

Wenn es als ein Argument für die Existenz unserer Außenwelt gilt, daß Gesichts-, Gehörs- und Tastempfindungen zu denselben Objekten führen, dann darf die theoretische Physik einen sicheren Beweis für die wirkliche Existenz der Elektronen, der Atome und des elementaren Wirkungsquantums darin erblicken, daß sich die charakteristischen Konstanten der Atomistik nach grundverschiedenen Methoden gleichwohl stets in denselben Werten ergeben.

Fünfter Vortrag.

Die Theorie der Grundstoffe.

Nicht nur in der Physik haben die Elektronen- und die Quantentheorie eine völlige Umwandlung herbeigeführt, auch für die Chemie haben diese beiden Theorien ganz neue Grundlagen geschaffen. Denn durch sie hat das älteste und fundamentale Problem der theoretischen Chemie, das Problem der Grundstoffe, seine Lösung gefunden.

Durch die (bereits im dritten Vortrag besprochene) DALTONsche Theorie war schon im Beginn des neunzehnten Jahrhunderts dieses Problem als gleichbedeutend mit der Frage nach den Atomarten erkannt worden. Im Beginn des neunzehnten Jahrhunderts kannten die Chemiker allerdings erst etwa dreißig Grundstoffe. Durch die Entdeckung der zahlreichen seltenen Metalle[1] und der Edelgase[2] stieg die Zahl der bekannten Elemente bis zum Ende des neunzehnten Jahrhunderts auf ungefähr achtzig, seitdem durch die Entdeckung der mannigfachen radioaktiven Elemente auf mehr als hundert.

Als die vor allem kennzeichnende Eigenschaft eines Grundstoffs wurde noch bis vor kurzem sein Atomgewicht angesehen, und häufig pflegte man darum die Elemente in eine Reihe nach steigenden Atomgewichten zu ordnen, in eine Reihe, die mit Wasserstoff beginnt und mit Uran endet. Wird in üblicher Weise als Einheit des Atomgewichtes der sechzehnte Teil der Masse eines Sauerstoffatoms gewählt, so beginnt diese Reihe mit der Zahl 1,008 und schließt mit der Zahl 238,2.

Keineswegs steigt aber nun in der so gebildeten Reihe

das Atomgewicht etwa völlig regelmäßig an. Die Atomgewichtsdifferenzen zwischen zwei in der Reihe aufeinanderfolgenden Grundstoffen sind recht verschieden, und daher könnte wohl auch in der Reihe das eine oder das andere Element fortgelassen werden, ohne daß die dadurch entstandene Lücke offenbar werden müßte. Es bedeutete daher einen bahnbrechenden Fortschritt, als im Jahre 1913 eine physikalische Entdeckung zu der Auffindung einer natürlichen Reihe der Grundstoffe führte. Diese Entdeckung, die wir dem jung verstorbenen englischen Physiker Moseley verdanken, steht in engstem Zusammenhange mit der Begründung der Röntgenspektroskopie, die ebenfalls das Werk Moseleys ist.

Die Röntgenspektroskopie beruht auf der von Barkla im Jahre 1905 entdeckten Tatsache der sogenannten Eigenstrahlung der Grundstoffe. Ein von Kathoden- oder Röntgenstrahlen getroffener Körper sendet selbst wieder Röntgenstrahlen aus, und unter diesen sind nun, wie Barkla fand, vorwiegend solche enthalten, deren „Härte"[3] oder, wie wir heute sagen, deren Wellenlängen nur von der chemischen Natur des getroffenen Körpers abhängen. Die Eigenstrahlung ist daher für die in dem strahlenden Körper enthaltenen Grundstoffe ebenso charakteristisch wie deren optische Spektren. Die Zerlegung der Eigenstrahlung nach Wellenlängen und zugleich deren Messung wurde später durch die im ersten Vortrag erwähnte Kristallmethode möglich; und dies ist vermittels einiger genial erdachter Kunstgriffe zuerst eben Moseley gelungen. Moseley entdeckte in den Röntgenspektren aller festen Elemente zwei Serien, die als K-Serie und L-Serie unterschieden werden; die K-Serie liegt als die „härtere" im allgemeinen etwa drei Oktaven höher als die L-Serie. (Bei den Elementen mit hohem Atomgewicht wurde später eine noch weichere Serie, die M-Serie, und bei den Elementen mit den höchsten Atomgewichten endlich eine ganz besonders weiche Serie, die sogenannte N-Serie, nachgewiesen.)[4]

Als nun Moseley für die verschiedenen Elemente die Röntgenspektren photographierte und miteinander verglich, machte er die überraschende Entdeckung, daß sich nach den Röntgenspektren die Elemente in eine natürliche Reihe ordnen lassen, innerhalb deren von Grundstoff zu Grundstoff die Verschiebung der einzelnen Linien in der Richtung zunehmender Schwingungszahl mit wunderbarer Gesetzmäßigkeit erfolgt, mit einer derartigen Genauigkeit, daß sich jede Lücke in dieser Reihe sofort durch einen zu großen Sprung offenbart. Die Reihenfolge ist in dieser natürlichen Reihe fast ganz dieselbe wie in einer Reihe, die nach steigendem Atomgewicht gebildet ist. Aber während die Zunahme des Atomgewichtes keineswegs regelmäßig ist, erfolgt eben die

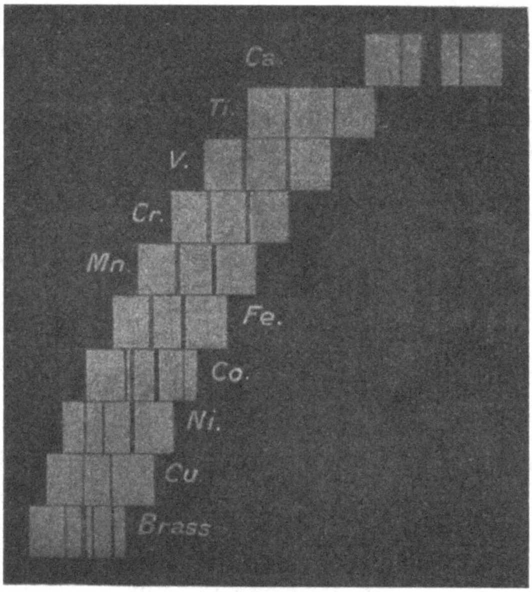

Fig. 5.

Verschiebung der Röntgenlinien innerhalb der natürlichen Reihe mit der wunderbarsten Präzision. (In der historisch bedeutsamen Fig. 5, die von MOSELEY selbst stammt, sieht man die beiden stärkeren K-Linien der aufeinander folgenden Elemente Calcium, Titan, Vanadium, Chrom, Mangan, Eisen, Kobalt, Nickel, Kupfer und Zink, das, mit Kupfer legiert, als Messing, englisch „brass", erscheint. Das Scandium, das den Platz zwischen Calcium und Titan einnimmt, stand damals MOSELEY wegen seiner Seltenheit nicht zur Verfügung und fehlt daher in der Figur. Zu beachten ist auch, daß bei dem

Messing neben den Linien des Zink auch die des Kupfers enthalten sind, was deutlich beweist, daß die Röntgenspektren eine Eigenschaft der Atome selbst sind. Aus demselben Grunde bemerkt man auch bei dem Kobalt, dem fast immer Spuren von Nickel und Eisen beigemengt sind, die Linien dieser beiden Metalle.)

Weil in der natürlichen Reihe (von wenigen Ausnahmen abgesehen) das Atomgewicht von Stelle zu Stelle (wenn auch nicht regelmäßig) zunimmt, so können auf Grund der bekannten Atomgewichte die Lücken der natürlichen Reihe ergänzt werden, wofern sie solche Elemente betreffen, die zwar bekannt sind, von denen aber röntgenspektrographische Aufnahmen nicht vorliegen. Die natürliche Reihe der Grundstoffe, die sich so ergibt und die vom Wasserstoff bis zu dem Uran reicht, umfaßt 92 Plätze.[5] Sie ist durch die Tabelle I dargestellt, in der außer den sogenannten Ordnungszahlen, die die Platznummer bestimmen, und außer den konventionellen Namen auch die chemischen Symbole und die auf Sauerstoff = 16 bezogenen Atomgewichte verzeichnet sind. An vier Stellen geht, wie die Tabelle zeigt, ein Element mit etwas höherem Atomgewicht einem mit niedrigerem Atomgewicht voran (nämlich das Argon dem Kalium, ferner, wie man auch deutlich aus Fig. 5 ersieht, das Kobalt dem Nickel, sodann das Tellur dem Jod und endlich das Thorium dem Protaktinium). Fünf Plätze stellen Lücken dar, indem Elemente mit den betreffenden Ordnungszahlen (43, 61, 75, 85, 87) entweder wegen ihrer Seltenheit bisher noch nicht entdeckt wurden oder überhaupt nicht existenzfähig sind.

Vom Standpunkte der modernen Atomtheorie findet nun die natürliche Reihe der Grundstoffe eine einfache Deutung. Wenn die Atome aus positiven Kernen bestehen, um die negative Elektronen kreisen, dann liegt ja der Gedanke nahe, daß bei dem Fortschreiten in der natürlichen Reihe um je eine Stelle auch die Kernladung um je ein elektrisches Elementarquantum zunimmt. Diese Annahme findet ihre wichtigste Stütze darin, daß, wie schon MOSELEY entdeckte, die Quadratwurzeln aus den Frequenzen der einzelnen Röntgenlinien linear mit der Ordnungszahl wachsen[6], während andererseits aus der BOHRschen Theorie folgt, daß mit zunehmender

Tabelle I.

Die natürliche Reihe der Grundstoffe.

1	Wasserstoff	H	1,008	47	Silber	Ag	107,88
2	Helium	He	4,00	48	Cadmium	Cd	112,40
3	Lithium	Li	6,94	49	Indium	In	114,8
4	Beryllium	Be	9,02	50	Zinn	Sn	118,7
5	Bor	B	10,82	51	Antimon	Sb	121,8
6	Kohlenstoff	C	12,00	52	Tellur	Te	127,5
7	Stickstoff	N	14,008	53	Jod	J	126,92
8	Sauerstoff	O	16,000	54	Xenon	X	130,2
9	Fluor	F	19,00	55	Cäsium	Cs	132,8
10	Neon	Ne	20,2	56	Barium	Ba	137,4
11	Natrium	Na	23,00	57	Lanthan	La	139,0
12	Magnesium	Mg	24,32	58	Cer	Ce	140,2
13	Aluminium	Al	26,96	59	Praseodym	Pr	140,9
14	Silicium	Si	28,3	60	Neodym	Nd	144,3
15	Phosphor	P	31,04	61	—	—	—
16	Schwefel	S	32,07	62	Samarium	Sm	150,4
17	Chlor	Cl	35,46	63	Europium	Eu	152,0
18	Argon	A	39,88	64	Gadolinium	Gd	157,3
19	Kalium	K	39,10	65	Terbium	Tb	159,2
20	Calcium	Ca	40,07	66	Dysprosium	Dy	162,5
21	Scandium	Sc	45,10	67	Holmium	Ho	163,5
22	Titan	Ti	48,1	68	Erbium	Er	167,7
23	Vanadium	V	51,0	69	Thulium	Tu	169,4
24	Chrom	Cr	52,0	70	Ytterbium	Yb	173,5
25	Mangan	Mn	54,93	71	Lutetium	Lu	175,0
26	Eisen	Fe	55,84	72	Hafnium	Hf	—
27	Kobalt	Co	58,97	73	Tantal	Ta	181,5
28	Nickel	Ni	58,68	74	Wolfram	W	184,0
29	Kupfer	Cu	63,57	75	—	—	—
30	Zink	Zn	65,37	76	Osmium	Os	190,9
31	Gallium	Ga	69,72	77	Iridium	Ir	193,1
32	Germanium	Ge	72,5	78	Platin	Pt	195,2
33	Arsen	As	74,96	79	Gold	Au	197,2
34	Selen	Se	79,2	80	Quecksilber	Hg	200,6
35	Brom	Br	79,92	81	Thallium	Tl	204,4
36	Krypton	Kr	82,9	82	Blei	Pb	207,2
37	Rubidium	Rb	85,5	83	Wismut	Bi	209,0
38	Strontium	Sr	87,6	84	Polonium	Po	(210)
39	Yttrium	Y	88,9	85	—	—	—
40	Zirkonium	Zr	90,6	86	Emanation	Em	(222)
41	Niobium	Nb	93,5	87	—	—	—
42	Molybdän	Mo	96,0	88	Radium	Ra	226,0
43	—	—	—	89	Actinium	Ac	(226)
44	Ruthenium	Ru	101,7	90	Thorium	Th	232,1
45	Rhodium	Rh	102,9	91	Protactinium	Pa	(230)
46	Palladium	Pd	106,7	92	Uran	U	238,2

Kernladung die Frequenzen im quadratischen Verhältnis zunehmen müssen. (In dem Spektrum des ionisierten Heliums sind z. B. die Frequenzen der entsprechenden Linien durchwegs viermal so groß wie im Wasserstoffspektrum bei einer doppelt so großen Kernladung.) Die Ordnungszahlen der Grundstoffe erweisen sich somit als gleichbedeutend mit den Kernladungszahlen, die es angeben, wieviel positive Elementarquanten die Ladung des positiven Kernes beträgt.

In der natürlichen Reihe der Grundstoffe nehmen nun sechs Elemente dadurch eine ausgezeichnete Sonderstellung ein, daß sie sich in chemischer Hinsicht vollkommen passiv verhalten; sie gehen im Gegensatze zu allen anderen Grundstoffen überhaupt keine chemischen Verbindungen ein. Diese Elemente sind die sogenannten Edelgase, nämlich Helium, Neon, Argon, Krypton, Xenon und die Emanation. Ihre Ordnungszahlen sind 2, 10, 18, 36, 54, 86, die Differenzen zwischen diesen Zahlen[7] aber 8, 8, 18, 18, 32.

Vom Standpunkte der modernen Atomtheorie ist nun offenbar jede chemische Aktivität auf elektrische Kräfte zurückzuführen, die von den Atomen ausgehen; diese elektrostatischen Kräfte sind es, die zu einer Vereinigung entgegengesetzt geladener Atome und damit zur Molekelbildung führen. Da im neutralen Zustand die Zahl der den Kern umgebenden negativen Elektronen der Kernladungszahl gleich ist, so kann somit ein Atom nur dann chemisch aktiv werden, wenn sich die Zahl der seinen Kern umgebenden Elektronen entweder unter die Kernladungszahl vermindert oder über sie erhöht hat. Im ersten Fall wird das Atom als ganzes positiv, im zweiten negativ elektrisch, und die Ladung ist wiederum durch die Zahl der abgegebenen oder aufgenommenen Elektronen bestimmt. Aus der chemischen Passivität der Edelgase muß somit geschlossen werden, daß in ihren Atomen die Anordnung der Elektronen um den Kern eine derart stabile ist, daß weder Elektronen aus dem Atomverband abgegeben noch fremde in ihn aufgenommen werden, was bei allen anderen Atomen möglich ist.

Durch theoretische Überlegungen ist es BOHR im Jahre 1921 gelungen, für die Edelgasatome die Gruppierung der negativen Elektronen um den Kern zu ermitteln.

Diese Gruppierung ist durch Tabelle II dargestellt, die es angibt, wieviel Elektronen Bahnen von gegebener Quantenzahl beschreiben.

Tabelle II.

Die Edelgasatome.

Zahl der Elektronen in Bahnen von der Quantenzahl	1	2	3	4	5	6	Summe der Elektronen
Helium	2						2
Neon	2	8					10
Argon	2	8	8				18
Krypton	2	8	18	8			36
Xenon	2	8	18	18	8		54
Emanation	2	8	18	32	18	8	86

Die Edelgase stellen gewissermaßen die Marksteine in der natürlichen Reihe der Grundstoffe dar. Durch sie zerfällt die Reihe in sieben Perioden. Die erste umfaßt zwei Elemente, die zweite und dritte je acht, die vierte und fünfte je achtzehn, die sechste zweiunddreißig. Die siebente Periode, die mit dem unbekannten Element Nr. 87 beginnt, bricht scheinbar an sechster Stelle mit dem Uran ab, wobei es dahingestellt bleiben muß, ob Grundstoffe mit noch höherer Kernladung nicht existenzfähig oder bereits zerfallen oder nur wegen ihrer Seltenheit noch nicht entdeckt sind.

Schon im Jahre 1869 haben nun gleichzeitig, doch unabhängig voneinander LOTHAR MEYER und MENDELEJEFF die wichtige Entdeckung gemacht, daß in einer nach steigendem Atomgewicht gebildeten Reihe der Elemente charakteristische physikalische und chemische Eigenschaften periodisch wiederkehren und infolgedessen, wenn man die Perioden untereinander schreibt, eine Anordnung möglich ist, bei der in den einzelnen Vertikalreihen einander ähnliche Elemente verzeichnet sind. Die weitere Ausbildung des sogenannten periodischen Systems führte zu der Unterscheidung von acht Vertikalgruppen mit je zwei Untergruppen; doch wurde eine exakte Darstellung erst möglich, seit durch die Kenntnis der Ordnungszahlen auch die Zahl der Stellen in den Perioden genau bekannt wurde.

Tabelle III stellt das periodische System vom Standpunkt der modernen Atomtheorie dar.[8] In der vierten, fünften und sechsten Periode findet, wie die frühere Tabelle II erkennen läßt, zugleich mit der Ausbildung einer neuen äußersten Gruppe von acht Elektronen eine Komplettierung der vorletzten Elektronengruppe durch Erhöhung der Elektronenzahl von 8 auf 18 statt; dadurch erklärt sich die Unterteilung der acht Vertikalgruppen des periodischen Systems in je zwei Untergruppen und zugleich die scheinbare Sonderstellung, die in dem periodischen System die der Gruppe VIIIa angehörigen „Triaden" einnehmen (Eisen, Kobalt, Nickel; ferner Ruthenium, Rhodium, Palladium und endlich Osmium, Iridium, Platin). In der sechsten Periode findet überdies eine Vervollständigung der drittletzten vierquantigen Elektronengruppe statt durch Erhöhung der Elektronenzahl von 18 auf 32; und hierdurch erklärt sich wiederum die merkwürdige Sonderstellung, die im periodischen System die fünfzehn Elemente umfassende Gruppe der seltenen Erden einnimmt.[9]

Was nun die Kerne der Atome betrifft, so müssen diese offenbar auch ihrerseits aus positiven und negativen Elektronen zusammengesetzt sein. Denn da die Masse der negativen Elektronen (wie schon wiederholt erwähnt) ganz unmerklich ist neben der Masse der positiven Elektronen, so stellt das auf Wasserstoff bezogene Atomgewicht eines Grundstoffes nichts anderes dar als die Zahl der im Kerne enthaltenen positiven Elektronen. Diese Zahl erweist sich aber nun bei den Grundstoffen etwa doppelt so groß oder noch größer als die Kernladungszahl. Daraus muß geschlossen werden, daß im Kerne auch negative Elektronen enthalten sind, etwa halb so viel wie positive. Die Ladungen der im Kerne enthaltenen positiven Elektronen werden eben nur zum Teile durch die ebenfalls im Kerne enthaltenen negativen Elektronen kompensiert, so daß eine positive Gesamtladung des Atomkernes resultiert.

Daß auch der Aufbau der Atomkerne durch Quantenbeziehungen geregelt ist, ist wohl aus theoretischen Gründen sehr wahrscheinlich; doch fehlen dafür einstweilen noch die sicheren experimentellen Beweisgründe. Das wichtigste bisher

Tabelle III.
Das periodische System der Elemente.

	I a	I b	II a	II b	III a	III b	IV a	IV b	V a	V b	VI a	VI b	VII a	VII b	VIII a	VIII b
1	1 H															2 He
2	3 Li		4 Be		5 B		6 C			7 N		8 O		9 F		10 Ne
3	11 Na		12 Mg		13 Al		14 Si			15 P		16 S		17 Cl		18 A
4	19 K	29 Cu	20 Ca	30 Zn	21 Sc	31 Ga	22 Ti	32 Ge	23 V	33 As	24 Cr	34 Se	25 Mn	35 Br	26 Fe 27 Co 28 Ni	36 Kr
5	37 Rb	47 Ag	38 Sr	48 Cd	39 Y	49 In	40 Zr	50 Sn	41 Nb	51 Sb	42 Mo	52 Te	43	53 J	44 Ru 45 Rh 46 Pd	54 X
6	55 Cs	79 Au	56 Ba	80 Hg	57—71 seltene Erden	81 Tl	72 Hf	82 Pb	73 Ta	83 Bi	74 W	84 Po	75	85	76 Os 77 Ir 78 Pt	86 Em
7	87		88 Ra		89 Ac		90 Th		91 Pa		92 U					

bekannte Phänomen, das sich innerhalb der Atomkerne abspielt, ist der spontane Kernzerfall, dessen Folgeerscheinungen unter dem Sammelnamen der Radioaktivität zusammengefaßt werden. Statt von Kernzerfall sollte man genauer eigentlich von einer Absplitterung von Kernbestandteilen sprechen; und da durch eine solche Absplitterung die Kernladung verändert wird, so müssen natürlich Grundstoffe, die α- oder β-Strahlen aussenden, dadurch eine chemische Umwandlung erfahren.

Da (wie im dritten Vortrag ausgeführt wurde) die α-Teilchen eine Ladung von zwei positiven Elementarquanten haben, so wird durch α-Strahlung die chemische Ordnungszahl um zwei erniedrigt. Die β-Teilchen haben wiederum eine Ladung von einem negativen Elementarquantum, so daß durch β-Strahlung die Ordnungszahl um eins erhöht wird. Andererseits haben die α-Teilchen (wie im dritten Vortrag angegeben wurde) eine Masse von vier Wasserstoffatomen, während die Masse eines β-Teilchens klein ist gegen die Masse eines Wasserstoffatoms. Eine Alpha-Strahlung verschiebt daher einen Grundstoff im periodischen System um zwei Stellen nach links bei gleichzeitiger Verminderung des Atomgewichtes um vier Einheiten. Eine Beta-Strahlung verschiebt ohne eine merkliche Änderung des Atomgewichtes einen Grundstoff um eine Stelle nach rechts. (Dabei soll eine Verschiebung um sechs Stellen nach links gemäß der Tabelle III gleichbedeutend sein mit einer Verschiebung um zwei Stellen nach rechts.) Das Verschiebungsgesetz der Grundstoffumwandlungen haben im Jahre 1913 gleichzeitig, doch unabhängig voneinander Soddy und Fajans aufgefunden. Das Verschiebungsgesetz brachte erst die bis dahin vermißte Klarheit in die Lehre von den radioaktiven Umwandlungen; es ermöglichte es den Forschern, den chemischen Charakter aller Umwandlungsprodukte zu bestimmen, vorhandene Lücken auszufüllen, und es führte schließlich auch zu der Entdeckung neuer Radio-Elemente.

Die Physik kennt heute zwei zusammenhängende Umwandlungsreihen von Elementen. Die eine Reihe geht von dem Uran aus und teilt sich in ihrem weiteren Verlauf in die Radium- und in die Actinium-Reihe. Die Ausgangssubstanz der anderen Reihe ist das Thorium.

Die Tabelle IV stellt die Uranreihe (ohne die sich abzweigende Aktiniumreihe) dar. Bei den einzelnen Radioelementen ist eingeklammert angeführt: Ordnungszahl, Atomgewicht, Gruppenzugehörigkeit im periodischen System und endlich die Halbwertszeit (vgl. den dritten Vortrag).[10]

Tabelle IV.

Die Uranreihe.

Uran I (92, 238, VIa, 4,4 Milliarden Jahre)
α ↓
Uran X_1 (90,234, IVa, 23,8 Tage)
β ↓
Uran X_2 (91,234, Va, 1,15 Minuten)
β ↓
Uran II (92, 234, VIa, 2 Millionen Jahre)
α ↓
Ionium (90, 230, IVa, 90000 Jahre)
α ↓
Radium (88, 226, IIa, 1580 Jahre)
α ↓
Radium-Emanation (86, 222, VIIIb, 3,85 Tage)
α ↓
Radium A (84, 218, VIb, 3,05 Minuten)
α ↓
Radium B (82, 214, IVb, 26,8 Minuten)
β ↓
Radium C (83, 214, Vb, 19,5 Minuten)
β ↓
Radium C′ (84, 214, VI b, eine Millionstel Sekunde)
α ↓
Radium D (82, 210, IVb, 16 Jahre)
β ↓
Radium E (83, 210, Vb, 4,85 Tage)
β ↓
Polonium (84, 210, VIb, 136,5 Tage)
α ↓
Uranblei (82, 206, IVb, stabil).

Als Endprodukt erscheint sowohl bei der Uran-Radium-Reihe als auch bei der Aktinium- und der Thoriumreihe das Blei, in das sich sowohl das Uran als auch das Aktinium und das Thorium allmählich verwandeln. Über das Blei hinaus konnten die Umwandlungsreihen bisher nicht verfolgt werden, obwohl kaum anzunehmen ist, daß sie mit dem Blei tatsächlich enden. Nur in zwei Fällen ist bisher auch bei Elementen mit niedrigerer Ordnungszahl als der des Bleis Radioaktivität festgestellt worden, nämlich bei Kalium und Rubidium, die sich beide als β-Strahler erwiesen.

Bei den radioaktiven Vorgängen stellt der Kernzerfall einen spontan verlaufenden, in keiner Weise beeinflußbaren Vorgang dar. Es bedeutete daher eine Entdeckung von der größten Tragweite, als im Jahre 1919 Rutherford zum ersten Male eine auf künstlichem Wege vollbrachte Zerlegung eines Grundstoffs nachweisen konnte, und noch dazu eines Grundstoffs von niedriger Ordnungszahl.

Die Grundlage der Rutherfordschen Entdeckung bildeten Beobachtungen über den Durchgang von α-Strahlen durch Gase. Wenn ein α-Teilchen mit einem Atomkern des durchquerten Gases zusammenstößt, so erfährt nicht allein das α-Teilchen eine Ablenkung; nach dem bekannten dritten Newtonschen Bewegungsaxiom (dem Prinzip der Gleichheit von Aktion und Reaktion) muß auch der getroffene Atomkern einen Rückstoß erfahren, und er wird natürlich um so weiter geschleudert, je leichter er ist. Als daher Marsden α-Strahlen durch Wasserstoff hindurch sandte, konnte er die (im dritten Vortrag besprochenen) Szintillationen noch auf einem Zinksulfidschirme nachweisen, der um mehr als 80 cm von der Quelle der α-Strahlen entfernt war, obwohl die α-Strahlen selbst nur etwa 24 cm weit reichten. Rutherford hat später auf experimentellem Wege gezeigt, daß die Teilchen dieser so weit reichenden Strahlen in der Tat dieselbe spezifische Ladung haben wie die positiven Elektronen, also wie Wasserstoffkerne. Nach dem chemischen Symbol des Wasserstoffes werden darum diese weitreichenden Strahlen als H-Strahlen bezeichnet.

Bald nach der Entdeckung der H-Strahlen machte nun Marsden in Gemeinschaft mit Lantsberry die überraschende Wahrnehmung, daß ein mit Radium-C überzogenes Nickelblech durch gewöhnliche Luft hindurch Szintillationen in einer Entfernung erregen konnte, die weit größer war als die Reichweite der von dem Radium-C emittierten α-Strahlen.[11] Als Rutherford diese zunächst rätselhafte Erscheinung weiter verfolgte, machte er die wichtige Entdeckung, daß die Zahl der Szintillationen von der Substanz abhing, die den Raum zwischen dem Nickelblech und dem Leuchtschirm ausfüllte. Die Szintillationen blieben aus, wenn der Zwischenraum leer oder anstatt mit Luft mit Kohlensäure oder mit Sauerstoff erfüllt war. Hingegen stieg die Zahl der Szintillationen, als RUTHERFORD die Luft durch reinen Stickstoff ersetzte.

Diese Tatsache führte RUTHERFORD zu dem Schluß, daß die Teilchen der weitreichenden Strahlen nur von einer Zertrümmerung der Stickstoffkerne herrühren können. Durch das Bombardement mit den α-Teilchen gelingt eben diese Zertrümmerung auf künstlichem Wege, während bei den radioaktiven Erscheinungen der Zerfall der Atomkerne spontan erfolgt. Die nähere Untersuchung der weitreichenden, durch die Zertrümmerung der Stickstoffkerne entstehenden Strahlen erbrachte aber nun den Nachweis, daß diese Strahlen in der Tat H-Strahlen sind.

Wie die Berechnungen auf Grund der Szintillationszählungen ergaben, kommt jedoch im Durchschnitt nur ein einziger zertrümmerter Stickstoffkern auf etwa hunderttausend emittierte α-Teilchen. Es läßt sich daraus berechnen, daß man mittels eines Gramms Radium[12] in einem Jahre erst ungefähr den tausendsten Teil eines Kubikmillimeters Wasserstoffgas aus Stickstoff erzeugen könnte.

Bei späteren Versuchen fand RUTHERFORD, daß durch die α-Teilchen des Radium-C Wasserstoffkerne auch aus den Atomen von Bor, Fluor, Natrium, Aluminium und Phosphor frei gemacht werden. Die Kernzertrümmerung gelingt nur bei den Grundstoffen mit den ungeraden Ordnungszahlen 5, 7, 9, 11, 13 und 15. Dagegen senden weder Lithium mit der Ordnungszahl 3 noch Chlor mit der Ordnungszahl 17 H-Strahlen aus, noch auch die untersuchten Elemente mit gerader Ordnungszahl (Kohlenstoff, Sauerstoff, Schwefel usw.).[13] RUTHERFORDS sensationelle Entdeckung der unter Aussendung von H-Strahlen erfolgenden Kernzertrümmerung erscheint wie eine unmittelbare experimentelle Bestätigung einer kühnen Hypothese, die bereits im Jahre 1815 PROUT aufgestellt hatte und nach der die Atome aller Elemente aus Atomen des Wasserstoffs als des leichtesten aller Grundstoffe aufgebaut sein sollen. PROUT hatte damals seine Annahme besonders durch den Hinweis darauf gestützt, daß alle Atomgewichte, auf Wasserstoff bezogen, ganzzahlig seien. Diese Behauptung erwies sich indessen später als nicht mehr stichhaltig. Als nämlich die Atomgewichtsbestimmungen verbessert wurden, da wurden bei vielen Grundstoffen Abweichungen von der Ganzzahligkeit festgestellt, so namentlich bei dem Chlor, dessen Atomgewicht zu $35^1/_2$ ermittelt wurde — in scheinbar völligem Widerspruch zu der Proutschen Hypothese, die deshalb zunächst auch wieder in Vergessenheit geriet. Dieser Widerspruch, der seit der Entstehung der Elektronentheorie als besonders störend empfunden werden mußte, fand aber seine vollkommene Lösung durch die Ergebnisse der modernen Atomforschung.

Während nämlich die Kernladung und damit der chemische Charakter bedingt erscheinen durch die Differenz zwischen den im Kerne enthaltenen positiven und negativen Elektronen, hängt das Atomgewicht von der Gesamtzahl der positiven Elektronen ab (weil ja die Masse eines negativen Elektrons neben der Masse eines positiven nicht in Betracht kommt). Es können somit zwei Atome bei gleicher Kernladung gleichwohl verschiedene Masse haben, und die Stoffe, denen diese Atome angehören, müßten demnach bei gleicher Stellung im periodischen System, also bei gleichen chemischen Eigenschaften ein verschiedenes Atomgewicht aufweisen. Derartige Stoffe, die also eigentlich nur verschiedene Arten eines und desselben Elementes darstellen, nennt man Isotope (weil auf Griechisch der gleiche Platz „isos topos" heißt und diese Stoffe ja eben den gleichen Platz im periodischen System einnehmen). Die Notwendigkeit der Isotopie erhellte im übrigen schon aus der Tatsache, daß für die etwa vierzig bekannten radioaktiven Elemente im periodischen System nur zehn Plätze zur Verfügung standen.[14]

Isotope Stoffe müssen offenbar das gleiche chemische und fast das gleiche physikalische Verhalten zeigen. Verschieden können nur solche Eigenschaften sein, die durch die Kernmasse bedingt sind. Durch chemische Methoden können daher Isotope nicht getrennt werden; und dadurch erklärt sich das Auftreten von sogenannten Mischelementen, die ein Gemenge isotoper Stoffe darstellen. Wegen der völligen

Übereinstimmung in dem Verhalten seiner Bestandteile erscheint eben ein solches Gemenge wie ein einheitlicher Stoff.

Eine Zerlegung oder wenigstens eine Analyse von Mischelementen erscheint jedoch durch Methoden möglich, die sich auf die Verschiedenheit der Kernmassen gründen, und hierauf beruht die von J. J. THOMSON ersonnene Kanalstrahlanalyse. Die Kanalstrahlen sind, wie schon im dritten Vortrag erwähnt wurde, positiv elektrische Strahlen, die in GEISSLERschen Röhren bei starker Verdünnung auftreten und aus Ionen des in der Röhre enthaltenen Gases bestehen. In einem elektrischen Felde werden sie abgelenkt und beschreiben dabei Parabeln, deren Krümmung von der Masse der Kanalstrahlteilchen abhängt. Wenn aber nun die Gasatome nicht durchwegs die gleiche Masse haben, weil eben das Gas ein Mischelement ist, dann müssen die vermengten Isotopen getrennte Parabeln ergeben; durch Ausmessungen ist es dabei wiederum möglich, die Atomgewichte der vermengten Isotopen genau zu ermitteln.

Fälle von Isotopie wurden bereits im ersten Jahrzehnt des 20. Jahrhunderts bei radioaktiven Elementen wahrgenommen. Waren beispielsweise die Salze von Thorium und von Ionium (der Muttersubstanz des Radiums) irgendwie miteinander vermengt worden, so erwies es sich als völlig unmöglich, sie später durch irgendwelche Methoden wieder voneinander zu trennen; überdies zeigte es sich aber auch, daß die Spektren von Thorium und Ionium vollkommen miteinander übereinstimmen. Ebenso erwiesen sich auch Blei und Radium-D als voneinander nicht trennbar und auch das Radium und das aus Thoriummineralien gewonnene Mesothor I.

Auf diese Erkenntnisse gründete bereits im Jahre 1910, also noch vor der Entstehung der Theorie des Kernatoms, SODDY die Vorstellung der Isotopie, die er außer bei den Radioelementen auch bereits bei den anderen, den sogenannten inaktiven Elementen vermutete. In der Tat vermochte im Jahre 1912 J. J. THOMSON durch die Kanalstrahlanalyse den Nachweis zu erbringen, daß das Edelgas Neon aus zwei Atomarten von verschiedenem Atomgewicht (20 und 22) zusammengesetzt ist. Im Jahre 1914 bestätigten genaue

Messungen auch die Richtigkeit der von SODDY geäußerten Vermutung, daß sich das Atomgewicht des Bleis mit verschiedenen Werten ergeben müsse, je nachdem, ob es sich um „gewöhnliches" Blei handelt oder um Blei, das aus Uranmineralien, oder schließlich um Blei, das aus Thoriummineralien gewonnen ist. (WIE früher erwähnt wurde, wandelt sich ja sowohl Uran als auch Thorium allmählich in Blei um.) Während sich nun das Atomgewicht des gewöhnlichen Bleis zu 207,2 ergibt, hat man in der Tat bei Blei aus Uranmineralien Atomgewichte bis hinab zu 206,05, bei Blei aus Thoriummineralien bis hinauf zu 207,9 gefunden.

Die eigentliche Erforschung der Isotopie begann aber erst, als im Jahre 1919 ASTON durch einen genialen Kunstgriff die Kanalstrahlanalyse zur sogenannten Massenspektroskopie ausgestaltete. Die Krümmung der vorhin erwähnten Parabeln hängt nämlich außer von der Masse der Teilchen auch von deren Geschwindigkeit ab; und diese ist im allgemeinen auch für Teilchen derselben Masse verschieden. ASTON schaltete nun hinter das elektrische Feld, das die parabolischen Bahnen hervorrief, noch ein magnetisches[15] derart ein, daß alle Teilchen von gleicher Masse auch bei verschiedener Geschwindigkeit wiederum in einem und demselben Punkte oder in derselben Linie zusammentreffen, die sich, falls sie auf einer photographischen Platte liegt, auf dieser scharf abbildet. Durch die Massenspektrogramme, die ASTON derart erhielt, war er in der Lage, die Massen der Teilchen untereinander genau zu vergleichen und derart auch die Atomgewichte der Isotopen genau zu bestimmen; und da erwiesen sich nun in der Tat die Massen der verschiedensten positiven Strahlteilchen als ganzzahlige Vielfache der Masse des Wasserstoffatoms.[16]

Mittels der neuen Methode konnte ASTON nicht nur die THOMSONsche Entdeckung der Isotopie des Neons genauer bestätigen, sondern bald auch zeigen, daß das Chlor, dessen Abweichung von der Ganzzahligkeit stets als besonders störend empfunden worden war, ein Gemisch zweier Isotopen von den genau ganzzahligen Atomgewichten 35,0 und 37,0 darstellt. Da das durchschnittliche Atomgewicht der Mischung 35,46 beträgt, so muß die leichtere Chlorart in etwa dreimal so großer Menge vertreten sein wie die schwerere (was übrigens auch aus der Intensität der Spektrogrammlinien hervorgeht). Die scheinbar gleichmäßige Verteilung der beiden Arten erklärt sich wohl am ehesten aus dem ursprünglich gasförmigen Zustand der Erde.

Mittels des ASTONschen Massenspektrographen und mittels ähnlicher Methoden sind bis nun (Herbst 1923) bereits 46 inaktive Elemente auf Isotopie untersucht worden, wobei, wie die Tabelle V zeigt, 92 Atomarten festgestellt wurden (wenn auch die unsicheren, in der Tabelle eingeklammerten Ergebnisse berücksichtigt werden, gar 98). Da auch von den radioaktiven Grundstoffen, die die letzten zwölf Stellen des periodischen Systems mit zwei Lücken ausfüllen, ungefähr 40 Atomarten bekannt sind (wozu noch fünf stabile Arten dieser Grundstoffe kommen) und da es zurzeit 31 Elemente gibt, die noch nicht analysiert sind, so dürfte die Zahl aller vorkommenden Atomarten zweihundert wohl sicherlich übersteigen. Unter den bereits analysierten Grundstoffen haben sich 22 als einheitliche Elemente, als sogenannte Reinelemente erwiesen[17], wenigstens in dem Sinne, daß bei ihnen eine etwaige Beimengung von Isotopen zu gering ist, um nachgewiesen werden zu können.[18]

Eine partielle Trennung von Isotopen erscheint natürlich nur durch solche Methoden möglich, die die Verschiedenheit der Atommassen benutzen.[19] Da die Verdampfungsgeschwindigkeit von der Atommasse abhängt, ist es in der Tat BRÖNSTED und HEVESY gelungen, durch sukzessive Verdampfung zwei Quecksilbersorten herzustellen, deren Dichten sich um ein halbes Promille, und deren „Atomgewichte" sich daher um eine Zehnteleinheit unterscheiden. Nach demselben Verfahren konnten dieselben Forscher auch zwei Chlorsorten herstellen, die um mehr als zwei Einheiten in der zweiten Dezimalstelle des sogenannten Atomgewichtes verschieden sind.[20]

Die Erscheinungen der Isotopie und der Radioaktivität beweisen es, daß die Atomkerne aus positiven und negativen Elektronen zusammengesetzte Systeme darstellen.[21] Das Überwiegen der positiven Elektronen bewirkt eine positive Gesamtladung der Kerne, die durch die den Kern umkreisenden

Tabelle V.
Isotope.

Ordnungszahl	Element	Atomgewicht	Zahl der Isotopen	Massen der Isotopen, nach ihrem Anteil am Gemisch geordnet
1	Wasserstoff	1,008	1	1,008
2	Helium	4,00	1	4
3	Lithium	6,94	2	7, 6
4	Beryllium	9,02	1	9
5	Bor	10,82	2	11, 10
6	Kohlenstoff	12,00	1	12
7	Stickstoff	14,008	1	14
8	Sauerstoff	16,000	1	16
9	Fluor	19,00	1	19
10	Neon	20,2	2	20, 22
11	Natrium	23,00	1	23
12	Magnesium	24,32	3	24, 25, 26
13	Aluminium	26,96	1	27
14	Silicium	28,3	2	28, 29
15	Phosphor	31,04	1	31
16	Schwefel	32,07	1	32
17	Chlor	35,46	2	35, 37
18	Argon	39,88	2	40, 36
19	Kalium	39,10	2	39, 41
20	Calcium	40,07	2	40, 44
21	Scandium	45,10	1	45
22	Titan	48,1	1	48
23	Vanadium	51,0	1	51
24	Chrom	52,0	1	52
25	Mangan	54,93	1	55
26	Eisen	55,84	1 (2)	56, (54)
27	Kobalt	58,97	1	59
28	Nickel	58,68	2	58, 60
29	Kupfer	63,57	2	63, 65
30	Zink	65,37	4	64, 66, 68, 70
31	Gallium	69,72	2	69, 71
32	Germanium	72,5	3	74, 72, 70
33	Arsen	74,96	1	75
34	Selen	79,2	6	80, 78, 76, 82, 77, 74
35	Brom	79,92	2	79, 81
36	Krypton	82,9	6	84, 86, 82, 83, 80, 78
37	Rubidium	85,5	2	85, 87
38	Strontium	87,63	1	88
39	Yttrium	88,9	1	89
47	Silber	107,88	2	107, 109
50	Zinn	118,7	7 (8)	120, 118, 116, 124, 119, 117, 122, (121)
51	Antimon	121,8	2	121, 123
53	Jod	126,92	1	127
54	Xenon	130,2	7 (9)	129, 132, 131, 134, 136, 128, 130, (126), (124)
55	Cäsium	132,8	1	133
80	Quecksilber	200,6	(6)	(197—200), 202, 204

negativen Elektronen neutralisiert wird. Da die Gruppierung dieser Elektronen um den Kern aber nun durch Quantenbeziehungen geregelt wird, so zeigen die Atome (von denen der Edelgase abgesehen) die Neigung, Elektronen aus ihrem Verband abzugeben oder fremde in ihn aufzunehmen. Dadurch kann die Neutralität der Atome aufgehoben und eine positive oder negative Gesamtladung der Atome herbeigeführt werden. Eine derart resultierende Gesamtladung suchen nun die Atome infolge der von ihnen ausgehenden elektrostatischen Anziehung dadurch zu neutralisieren, daß sie sich mit anderen, ebenfalls nicht neutralen, jedoch entgegengesetzt geladenen Atomen zu Molekeln einer chemischen Verbindung vereinigen.

Eine derartige Bindung zwischen entgegengesetzt geladenen Atomen wird als eine heteropolare Bindung bezeichnet. Da aber jedes Atom aus einzelnen positiven und negativen Elektronen zusammengesetzt ist, so können auch zwei neutrale Atome aufeinander eine Anziehung ausüben, woferne entgegengesetzte Elektronen der beiden Atome einander genügend nahe gebracht werden. In solchen Fällen kommt es zu sogenannten homöopolaren Bindungen.

Die wichtigsten Beispiele homöopolarer Bindungen stellen die zwischen Atomen desselben Grundstoffs dar. Im gasförmigen Zustand sind (wie aus der Messung der Gasdichte und dem Avogadroschen Gesetz folgt[22]) die Molekeln des Wasserstoffs, des Stickstoffs, des Sauerstoffs und der Halogene durchwegs zweiatomig, ferner die des Selens und des Tellurs. Bei Schwefel wurden achtatomige Molekeln festgestellt, bei Phosphor und Arsen bei nicht zu hohen Temperaturen vieratomige. Bei Sauerstoff und Wasserstoff kennt man eine dreiatomige Modifikation.[23] Bei den Metallen der ersten Gruppen des periodischen Systems haben die Bestimmungen der Dampfdichte durchwegs zu dem Ergebnis geführt, daß bei ihnen eine Molekelbildung nicht stattfindet, daß also, wie man zu sagen pflegt, ihre Molekeln einatomig sind. Daß dies auch bei den Edelgasen zutrifft, erscheint bei deren völliger chemischer Trägheit selbstverständlich.

Als ein besonderer Fall der Molekelbildung muß auch die Kristallbildung angesehen werden, über die die Naturwissenschaft seit LAUES Entdeckung bedeutungsvolle Erkenntnisse zu gewinnen vermochte. Aus den (in dem ersten Vortrag erwähnten) LAUE-Photogrammen leiteten zuerst im Jahre 1913 W. H. und W. L. BRAGG (Vater und Sohn) in klarer Weise die Struktur verschiedener Kristalle ab, so beispielsweise die des Steinsalzkristalls, der eine Verbindung von Chlor- und Natriumatomen in gleicher Zahl darstellt. Wie die BRAGG erkannten, ist die Struktur des Steinsalzkristalls überaus einfach; es sind nämlich die Natrium- und die Chloratome abwechselnd würfelförmig in gleichen Abständen angeordnet. (In Fig. 6, die man sich nach allen

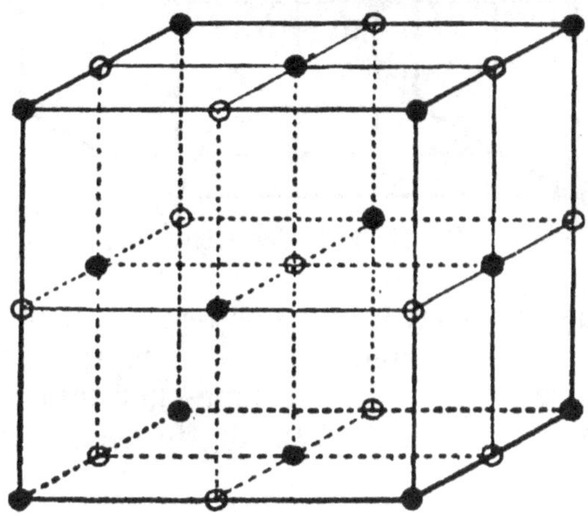

Fig. 6. Struktur des Steinsalzkristalls.

Richtungen hin fortgesetzt zu denken hat, sind die Natrium- und die Chloratome durch kleine, helle und dunkle Kreise unterschieden.) Fig. 7 gibt als anderes Beispiel die Struktur des Diamanten wieder, bei dem sich immer je vier beliebig herausgegriffene benachbarte Kohlenstoffatome zu einem Tetraeder vereinigen lassen. Die Kristalle stellen einzelne Riesenmolekeln dar, in denen aber gleichwohl wegen der völlig regelmäßigen Anordnung die verschiedenen Atomsorten in sehr einfachen Zahlenverhältnissen miteinander verbunden sind, so daß der Kristallverbindung eine einfache chemische Formel und dementsprechend ein bestimmtes Molekulargewicht zugeschrieben werden können.

Der Aufbau der Materie vollzieht sich somit unter der Wirkung elektrischer Kräfte in drei Hauptstufen. Die erste stellt die Bildung der Grundstoffkerne dar,

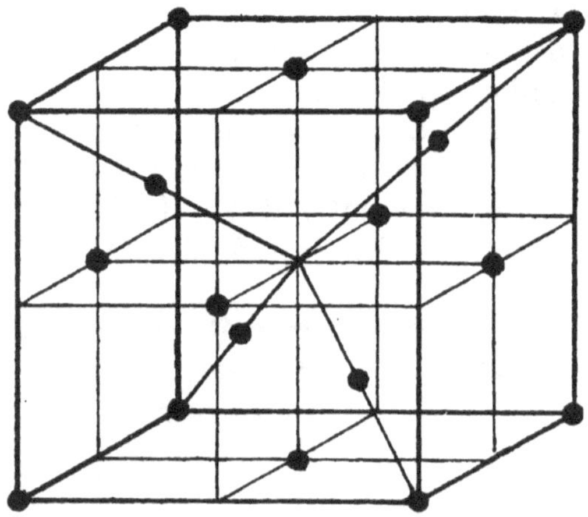

Fig. 7. Struktur des Diamanten.

die zweite die Erweiterung des Kerns zu dem Atom, die dritte endlich die Vereinigung der Atome zu den Molekeln, deren Struktur erst die meisten chemischen und physikalischen Eigenschaften der mannigfachen Stoffe bedingt.

Sechster Vortrag.

Die Relativitätstheorie.

Wie der Begriff der Materie durch die Elektronentheorie seinen ursprünglichen Sinn verlor, so hat ein anderer fundamentaler Begriff der Philosophie, der der Zeit, eine völlige Wandlung durch die Relativitätstheorie erfahren, die als eine der kühnsten und großartigsten Schöpfungen des menschlichen Geistes im Jahre 1905 von EINSTEIN begründet worden ist. Die weitere Ausgestaltung der Relativitätstheorie durch EINSTEIN führte zu der Lösung des alten Rätsels der Schwere und ließ zugleich zwischen der Physik und der Geometrie einen wunderbaren Zusammenhang erkennen.

Den Anlaß zu der Entstehung der Relativitätstheorie gab ein merkwürdiges Dilemma. Aus den Formeln der sogenannten „klassischen" Physik folgte nämlich, daß es in optischer Hinsicht so etwas wie eine absolute Bewegung geben müsse, während in mechanischer Hinsicht der Begriff einer absoluten Bewegung bereits als völlig sinnlos erkannt war.[1] Nehmen wir nämlich an, daß sich für einen Beobachter das Licht nach allen Richtungen gleich schnell fortpflanze, und fassen wir einen zweiten Beobachter ins Auge, der sich gegen den ersten irgendwie bewege, so könnte in bezug auf diesen zweiten Beobachter nach den Formeln der sogenannten klassischen Physik die Ausbreitung des Lichtes unmöglich in allen Richtungen gleich rasch erfolgen.

Hieraus schien sich die Folgerung zu ergeben, daß bei einer bestimmten, geistvoll erdachten Anordnung eines optischen Versuches ein Einfluß der Erdbewegung auf die Lichtausbreitung in merklicher Größe offenbar werden müsse. Aber hiervon war, als das schwierige Experiment von dem amerikanischen Physiker MICHELSON im Jahre 1881 tatsächlich durchgeführt wurde[2], nicht eine Spur zu bemerken. Dieses Ergebnis verblüffte die Physiker im höchsten Grade, obwohl es ihnen doch von vornherein hätte unwahrscheinlich vorkommen müssen, daß es in einem Zweige der Physik, nämlich in der Optik, eine absolute Bewegung gebe, in einem anderen Zweige, nämlich in der Mechanik, hingegen nicht. Der theoretischen Physik entstand nun die schwierige Aufgabe, den Widerspruch zu lösen, der derart zwischen der Erfahrung und der klassischen Physik entstanden war.[3] Seine vollständige Lösung gelang erst dem Genie EINSTEINS, und zwar durch die Aufdeckung eines Vorurteils, das einmal in die Physik Eingang gefunden, sich aber derart tief eingewurzelt hatte, daß man sich seiner gar nicht mehr bewußt war; und dieses Vorurteil bestand in der Vorstellung einer absoluten Zeit.[4]

Es war vielleicht der radikalste Fortschritt, den die theoretische Physik überhaupt je zu verzeichnen hatte, als im Jahre 1905 EINSTEIN die Haltlosigkeit dieser zum Dogma gewordenen Vorstellung erkannte und sie durch einen neuen, wahrhaft revolutionären Gedanken ersetzte. Es war der Gedanke, daß allen Zeitangaben, mittels deren ein physikalischer Vorgang beschrieben wird, nur eine relative Bedeutung zukommen könne. Nach EINSTEIN sollen nämlich alle Zeitangaben vom Standpunkt des beschreibenden Beobachters abhängen und daher verschieden sein für zwei Beobachter, die gegeneinander bewegt sind. Andererseits muß aber zwischen den verschiedenen Zeiten zweier gegeneinander bewegter Beobachter wiederum, wie der MICHELSONsche Versuch zeigt, ein bestimmter Zusammenhang bestehen. Es müssen nämlich beide Beobachter, obwohl gegeneinander bewegt, gleichwohl von ihren Standpunkten aus mit demselben Recht behaupten können, daß sich für sie das Licht nach allen Richtungen mit derselben Geschwindigkeit fortpflanze.

Die Forderung der Relativität der Zeit und das Postulat des eben angegebenen Zusammenhanges zwischen zwei verschiedenen relativen Zeiten bilden den Inhalt des sogenannten Relativitätsprinzipes von EINSTEIN. Man kann es also etwa in der Form aussprechen, daß die Zeitangaben, mittels deren ein physikalischer Vorgang beschrieben wird, relativ und von dem Standpunkt des beschreibenden Beobachters abhängig sind; daß andererseits die Zeitangaben aber durch die Forderung bedingt sind, daß sich, durch sie ausgedrückt, für den Beobachter das Licht stets nach allen Richtungen mit derselben Geschwindigkeit ausbreiten muß.

Aus dem Relativitätsprinzip ergibt sich als unmittelbare Folgerung, daß es ebensowenig wie ein absolutes Zeitmaß auch ein absolutes Längenmaß geben kann. Hat ein Stab für einen Beobachter, für den er ruht, eine bestimmte Länge, so muß der Stab für einen Beobachter verkürzt erscheinen, der gegen den ersten Beobachter bewegt ist. Ein in bezug auf die Erde ruhender Stab, der für einen irdischen Beobachter eine Länge von einem Meter hat, würde beispielsweise für einen Beobachter auf der Sonne, für den er bewegt wäre, um den zweihunderttausendsten Teil eines Millimeters verkürzt erscheinen. So klein auch diese Verkürzung ist, so ist sie doch die Ursache für die Ergebnislosigkeit des MICHELSONschen Versuches.[5] Andererseits erscheint nach dem Relativitätsprinzip ein irdischer Vorgang für einen Beobachter, der ihn von der Sonne aus wahrnimmt, langsamer zu verlaufen als für einen irdischen Beobachter. Ja selbst der Begriff der Gleichzeitigkeit verliert seine Bedeutung. Zwei Ereignisse, die in bezug auf einen Beobachter gleichzeitig zu erfolgen scheinen, scheinen es nicht für einen Beobachter, der gegen den ersten bewegt ist. Auch der Begriff der Gestalt wird zu einem relativen Begriff. Ein Körper, der in bezug auf einen Beobachter ruht und diesem als kugelförmig erscheint, erscheint einem Beobachter, für den der Körper bewegt ist, als abgeplattetes Rotationsellipsoid. Eine sehr wichtige Folgerung, zu der das Relativitätsprinzip führt, ist auch die, daß man durch Zusammensetzung von Geschwindigkeiten nie eine größere Geschwindigkeit erhalten kann als die Lichtgeschwindigkeit.[6] Überlichtgeschwindigkeiten erscheinen nach dem Relativitätsprinzip unmöglich. Die Lichtgeschwindigkeit spielt in der Relativitätstheorie dieselbe Rolle wie in der Mathematik das Unendliche.

Alle diese Folgerungen erscheinen natürlich zunächst im

höchsten Grade paradox; es ist nicht leicht, ihren Sinn zu erfassen, sich an sie zu gewöhnen, und daraus erklärt sich auch der heftige Widerstand, dem die Relativitätstheorie anfangs vielfach begegnete. Aber sehr bald hat sich das Relativitätsprinzip als eine Entdeckung von der allergrößten Tragweite offenbart. Denn noch in demselben Jahre, in dem EINSTEIN sein Prinzip aufstellte, erkannten bereits er und andere Forscher, zu welchen Umwälzungen das neue Prinzip notwendigerweise in der Physik führt.

Zu den Grundlagen der klassischen Physik gehört bekanntlich vor allem das sogenannte zweite NEWTONsche Bewegungsaxiom. Es lehrt, daß die Beschleunigung stets dieselbe Richtung habe wie die Kraft, und daß das Verhältnis beider, also das Verhältnis der Kraft zu der durch sie hervorgerufenen Beschleunigung, einen von der Größe und von der Richtung der Kraft unabhängigen Wert habe, den man eben als die träge Masse des beschleunigten Körpers bezeichnet. Aus dem Relativitätsprinzip folgt, daß dieses für die klassische Mechanik fundamentale Gesetz nur eine angenäherte, keineswegs aber eine völlige Richtigkeit besitzt. Es gilt nur für solche Bewegungen, die für den sie beschreibenden Beobachter eine gegenüber der Lichtgeschwindigkeit geringe Schnelligkeit besitzen. Erfolgen aber die Bewegungen für den Beobachter so rasch, daß ihre relative Geschwindigkeit zu dem Beobachter nicht mehr klein ist gegenüber der Lichtgeschwindigkeit, dann muß der Beobachter Abweichungen von den Grundgesetzen der klassischen Mechanik wahrnehmen. Die Richtung der Beschleunigung weicht dann von der Richtung der Kraft im allgemeinen ab. Vor allem aber hängt die Masse auch von der Geschwindigkeit ab.[7] Wenn sich die Geschwindigkeit der Lichtgeschwindigkeit nähert, so wächst die Masse sehr rasch, derart, daß ein Beobachter einem Körper, der gegen ihn mit Lichtgeschwindigkeit bewegt wäre, eine unendlich große Masse zuschreiben müßte.

So paradox auch diese merkwürdigen Folgerungen der Relativitätstheorie jedem, der an die klassische Physik gewöhnt ist, zunächst erscheinen müssen, sind in der Tat diese Folgerungen in großartiger Weise durch das Experiment bestätigt worden. Der Experimentalphysik ist ja ein Phänomen wohl bekannt, bei dem sich tatsächlich mit träger Masse begabte Körperchen mit Geschwindigkeiten bewegen, die bis zu 99,8 % der Lichtgeschwindigkeit betragen. Es ist dies die (im dritten Vortrag besprochene) Erscheinung der Beta-Strahlen, für die sich ja einerseits die Geschwindigkeit ermitteln ließ, andererseits die spezifische Ladung ihrer Teilchen, also das Verhältnis zwischen deren Ladung und deren Masse. Da die Ladung von der Geschwindigkeit unabhängig ist, so müßte nach der Relativitätstheorie, infolge der Zunahme der Masse, mit wachsender Geschwindigkeit die spezifische Ladung kleiner werden. Die experimentelle Untersuchung hat in der Tat diese Abnahme gezeigt, und zwar auch in vollkommener quantitativer Übereinstimmung mit den Formeln der Relativitätstheorie. Eine zweite, nicht minder großartige Bestätigung der relativitätstheoretischen Massenformel bietet die im vierten Vortrage besprochene Tatsache der sogenannten Feinstruktur der Spektrallinien.

Noch in demselben Jahre, in dem EINSTEIN sein Relativitätsprinzip aufstellte, entdeckte er auch als notwendige Folge des Prinzips einen Satz von der größten Tragweite, den man als Satz von der Trägheit der Energie bezeichnet. EINSTEIN fand nämlich, daß ein jeder Körper, der seinen Energieinhalt verändert, dabei auch eine Änderung seiner Masse erfahren müsse. Vermindert sich z. B. der Energieinhalt eines Körpers durch Wärmeausstrahlung, so vermindert sich dabei auch seine Masse um einen Betrag, der gleich ist dem Betrag der abgegebenen Energie, dividiert durch das Quadrat der Lichtgeschwindigkeit. Vermehrt sich der Energieinhalt, etwa durch Erwärmung oder durch Absorption von Strahlung, um einen bestimmten Betrag, so vermehrt sich auch die Masse um diesen Betrag, wieder dividiert durch das Quadrat der Lichtgeschwindigkeit.

Hieraus mußte nun weiter geschlossen werden, daß überhaupt jeder Energie als solcher eine träge Masse zukommt, ja weiterhin, daß überhaupt alle Masse nur in der Energie ihren Ursprung habe. Masse und Energie werden so identische Begriffe, verschieden nur durch einen Proportionalitätsfaktor. Dieser ist durch die Verschiedenheit des Maßes bedingt und eben gleich dem Quadrate der Lichtgeschwindigkeit.

Jeder Energie kommt an sich Masse zu, jeder Masse Energie.[8] So erscheinen die Prinzipe von der Erhaltung der Masse und von der Erhaltung der Energie, so erscheinen die Gesetze von LAVOISIER und MAYER durch die Relativitätstheorie zu einem einzigen Prinzip vereinigt. Die Ursache dafür, daß trotzdem mit sehr großer Annäherung beide Sätze eine selbständige Rolle zu besitzen scheinen, liegt in der verschwindenden Kleinheit der Massenänderungen, die mit beobachtbaren Energieänderungen verbunden sind. So würde z. B. selbst bei der verhältnismäßig ungeheuren Wärmeentwicklung des Radiums der auf ein Gramm Radium bezogene und durch die Wärmeabgabe bedingte Massenverlust eines Radiumpräparates in einem Jahre nur etwa den 20000sten Teil eines Milligramms ergeben, also einen wohl kaum nachweisbaren Betrag.[9]

Es ist wohl staunenswert, welche Fülle von neuen, die Physik völlig umwälzenden Sätzen sich innerhalb eines Jahres aus dem EINSTEINschen Relativitätsprinzip ergab. Den tieferen Sinn des Relativitätsprinzipes hat aber nun der Göttinger Mathematiker MINKOWSKI im Jahre 1908 erfaßt. Durch das Relativitätsprinzip wird ja ein Zusammenhang ausgedrückt zwischen der relativen Zeit und den drei räumlichen Koordinaten, deren sich die Physik zur Angabe einer Stelle im Raume bedient. Diesen Zusammenhang kann man nun, wie MINKOWSKI entdeckte, auch dahin geometrisch interpretieren, daß sich das mit entgegengesetztem Vorzeichen genommene Quadrat der noch mit der Lichtgeschwindigkeit multiplizierten Zeit und die Quadrate der drei räumlichen Koordinaten untereinander ebenso verhalten wie die Quadrate von vier Koordinaten in einer vierdimensionalen Geometrie.[10]

Die vierdimensionale Mannigfaltigkeit, die derart als eine Verknüpfung von Raum und Zeit erscheint, bezeichnet man nun als die MINKOWSKI-Welt. Einem Punkte in ihr, einem sogenannten „Weltpunkt", kommen vier Koordinaten zu, drei räumliche und eine zeitliche. Nehmen wir an, daß sich ein bewegter Körper zu einer bestimmten Zeit an einem bestimmten Orte befinde, der durch drei räumliche Koordinaten angebbar ist; dann kann diese Tatsache symbolisch zum Ausdruck gebracht werden durch Fixierung eines Weltpunktes, dessen räumliche Koordinaten eben den Koordinaten jenes Ortes entsprechen und dessen zeitliche Koordinate der Zeit entspricht, zu der sich der bewegte Körper an jenem Orte befindet.

Durch Aneinanderreihung von Weltpunkten ergibt sich eine „Weltlinie", und die Bewegung jedes (punktförmig gedachten) Körpers erscheint somit durch eine Weltlinie symbolisch darstellbar. Der Standpunkt des die Bewegung beschreibenden Beobachters äußert sich lediglich darin, wie in der MINKOWSKI-Welt das vierdimensionale Koordinatensystem gelegt wird, dessen eine Achse eben als die zeitliche erscheint. Die Neigung der Weltlinie gegen diese zeitliche Achse stellt die Geschwindigkeit dar, die der bewegte Körper für den Beobachter besitzt. Ist die Weltlinie gerade, hat sie also in ihrem ganzen Verlaufe gegen die gewählte zeitliche Achse dieselbe Neigung, so erscheint demnach durch die Weltlinie eine gleichförmige Bewegung dargestellt, nämlich eine Bewegung, die in gleichbleibender Richtung mit gleichbleibender Geschwindigkeit erfolgt. Durch eine gekrümmte Weltlinie ist hingegen eine ungleichförmige Bewegung dargestellt, wobei wiederum durch die Krümmung die Beschleunigung bestimmt ist.

Durch das von EINSTEIN im Jahre 1905 aufgestellte Relativitätsprinzip hat nun wohl der Begriff der absoluten Ruhe für die Physik jede Bedeutung verloren. Aber trotzdem war durch dieses Prinzip der Begriff der absoluten Bewegung noch keineswegs völlig beseitigt worden. Denn die Gleichwertigkeit zweier gegeneinander bewegter Systeme bleibt zunächst doch auf den Spezialfall einer gleichförmig fortschreitenden Bewegung beschränkt. Wenn es auch nach dem Relativitätsprinzip kein einzeln bevorzugtes Bezugssystem geben kann, so bleibt doch noch eine Mannigfaltigkeit ausgezeichneter Koordinatensysteme übrig, die alle gegeneinander gleichförmig bewegt sind. Nur in bezug auf diese ausgezeichneten Systeme erscheint die Bewegung eines Körpers gleichförmig, der lediglich dem Einflusse seiner Trägheit, seines Beharrungsvermögens, unterliegt. Ein Beobachter hingegen, der eine solche Bewegung auf ein anderes System bezieht, wird stets das Vorhandensein sogenannter Trägheitskräfte feststellen, für die die Zentrifugalkraft ein allgemein bekanntes Beispiel darstellt und ebenso die scheinbare Kraft, durch die auf der rotierenden Erde die östliche Ablenkung der frei fallenden Körper hervorgerufen wird.[11] Der Ruck, den man in einem Eisenbahnzuge bei einem plötzlichen Bremsen oder bei dem Durchfahren einer scharfen Kurve empfindet, ist ebenso die Wirkung solcher Trägheitskräfte wie das Phänomen des FOUCAULTschen Pendelversuches oder die auf die Erdrotation zurückgeführte Abplattung der Erde.

So fühlen wir uns zu der Annahme verleitet, daß es zwar keine absoluten Geschwindigkeiten gebe, wohl aber absolute Beschleunigungen und absolute Rotationen. Eine solche Annahme würde letzten Endes ja aber doch eine Rückkehr zu den durch das Relativitätsprinzip überwundenen Vorurteilen bedeuten, zu den NEWTONschen Thesen eines absoluten Raumes und einer absoluten Zeit. Es ist begreiflich, daß mit einer solchen, nur partiellen und in sich widerspruchsvollen Relativität sich die theoretischen Physiker auf die Dauer nicht zufrieden geben konnten, und am allerwenigsten der Schöpfer der Relativitätstheorie selbst. Eine genial einfache Überlegung brachte EINSTEIN auf den richtigen Weg, auf dem er freilich noch ungeheure Schwierigkeiten überwinden mußte, um zu dem Ziele selbst zu gelangen.

Um EINSTEINS Grundgedanken zu verstehen, denken wir uns einen Beobachter A und ferner einen kleinen Körper, der sich nur unter dem Einfluß seines Beharrungsvermögens in einer bestimmten Richtung bewege, die etwa als z-Richtung bezeichnet werde. Für den Beobachter A wird sich dann natürlich der Körper geradlinig gleichförmig bewegen. Wir denken uns nun einen zweiten Beobachter B, der sich von dem ersten Beobachter A in der z-Richtung mit einer konstanten Beschleunigung f fortbewegen möge. Für den Beobachter B wird die Bewegung des Körpers natürlich gleichförmig beschleunigt erscheinen, beschleunigt im Betrage f entgegengesetzt der z-Richtung. Wir denken uns nun verschiedene Körper von verschiedener Masse und verschiedener chemischer Beschaffenheit, etwa einen aus Blei und einen aus Stein und einen aus Kork und so fort; sie mögen sich in irgendwelchen Richtungen mit irgendwelchen Geschwindigkeiten bewegen, jedoch nur unter dem Einfluß der eigenen Trägheit. Für den

Beobachter B werden dann natürlich alle diese Körper die gleiche, von der Masse und der chemischen Beschaffenheit unabhängige Beschleunigung aufweisen, nämlich vom Betrage f und entgegengesetzt der z-Richtung; und diese Tatsache wird nun der Beobachter B, wenn er gar nichts von dem Beobachter A und seiner eigenen Beschleunigung gegen jenen weiß, offenbar so deuten, daß er ein homogenes Schwerefeld annehmen wird, in dem er sich befinde. Denn für ein solches ist es ja, wie die Physiker seit GALILEI wissen, charakteristisch, daß alle in ihm befindlichen Körper dieselbe, von allen ihren Eigenschaften unabhängige Beschleunigung erfahren.

Für die Beschreibung der physikalischen Vorgänge, die sich in der Umgebung der beiden Beobachter abspielen, ist es also ganz gleichgültig, ob man sich auf den Standpunkt des Beobachters A stellt oder aber auf den Standpunkt des gegen den Beobachter A gleichförmig beschleunigten Beobachters B, der überdies ein homogenes Schwerefeld annimmt. Die physikalischen Vorgänge bieten keine Möglichkeit, eine Entscheidung zwischen den beiden Auffassungen zu treffen, die danach als gleichberechtigt angesehen werden müssen[12]; und diese Erkenntnis, die man als das EINSTEINsche Äquivalenzprinzip zu bezeichnen pflegt, läßt uns bereits vermuten, daß mit dem Problem der allgemeinen Relativität offenbar auf das engste das Problem der Gravitation verknüpft sein muß.

Durch das Äquivalenzprinzip auf den richtigen Weg geleitet, vermögen wir den Grundgedanken der allgemeinen Relativitätstheorie zu ahnen, daß, wie die Gravitationskräfte, so auch die Trägheitskräfte überhaupt, die für das Verhalten eines bewegten Körpers an einer bestimmten Raumstelle zu einer bestimmten Zeit charakteristisch sind, nicht eine Folge absoluter Beschleunigungen sind, sondern bestimmt sind durch die räumlich-zeitliche Verteilung der Materie in der Welt. Umgekehrt aber eröffnet sich dadurch auch wieder die Möglichkeit einer Auffassung, die in dem Gravitationsgesetz nichts anderes erblickt als die durch ein wahrhaft allgemeines Relativitätsprinzip geforderte Verallgemeinerung des GALILEIschen Beharrungsgesetzes.

Wie wäre nun eine Verallgemeinerung dieses Gesetzes möglich? Es lehrt, daß sich ein jeder Körper, auf den keine äußeren Kräfte wirken, in gerader Bahn mit konstanter Geschwindigkeit bewegt. Aus dem Dreidimensionalen in das Vierdimensionale übersetzt, bedeutet also nach dem früher Gesagten das Beharrungsprinzip, daß die Weltlinie, die eine kräftefreie Bewegung darstellt, eine Gerade sein müsse. Ist nun diese Aussage noch einer Verallgemeinerung fähig? In der Tat gelingt eine solche durch eine Verallgemeinerung der geometrischen Grundlagen der Physik.

Um dies zu verstehen, wollen wir der Einfachheit halber zunächst an die zweidimensionale Geometrie denken. Wann eine in einer Zeichenebene gezogene Linie als Gerade anzusehen ist, kann wohl kaum fraglich erscheinen. Nun ist aber eine zweidimensionale Geometrie ebensowohl wie in einer Ebene auch in einer Kugelfläche, ja überhaupt in jeder beliebig gekrümmten Fläche möglich; und die Frage, wann eine in einer solchen Fläche gezogene Linie als gerade anzusehen sei, ist schon schwieriger zu beantworten. Wir betrachten etwa auf einem Globus zwei Punkte, die auf demselben Parallelkreis liegen, aber wesentlich verschiedene geographische Länge haben mögen. Da wir zweidimensionale Geometrie betreiben, können wir natürlich aus der Globusfläche nicht hinaus. Was ist aber dann die in der Globusfläche gezogene Gerade, die die beiden Orte verbindet? Ist es das Stück des Parallelkreises zwischen ihnen? Damit die Frage überhaupt einen Sinn habe, muß offenbar erst der vage Begriff der „Geraden" durch einen allgemeineren, wohl definierten ersetzt werden; und dieser, der Geometrie schon längst bekannt, ist der der geodätischen Linie, die definiert ist als die kürzeste Verbindungslinie zwischen zwei Punkten in der Fläche. Auf Grund dieser Definition erkennt man (was nur als Beispiel angeführt sei) durch eine geometrische Untersuchung, daß das Stück des Parallelkreises zwischen den beiden vorhin betrachteten Punkten keineswegs eine geodätische Linie darstellt, daß man eine solche vielmehr erhält, wenn man durch einen der beiden Punkte einen größten Kugelkreis legt, der zugleich durch den zweiten Punkt hindurchgeht. Wir verlegen dazu vorübergehend den Pol in den einen Punkt und wählen nun aus der Mannigfaltigkeit der Meridiane denjenigen aus, der durch den zweiten Punkt hindurchgeht. So erklärt sich z. B. die zunächst paradox erscheinende Tatsache, daß ein Flieger, der auf kürzestem Wege von London nach Australien fliegen will, dazu am besten den Weg über Petersburg einschlägt.

Nun können wir uns wohl eine gekrümmte Fläche anschaulich vorstellen, also eine zweidimensionale Mannigfaltigkeit, die in eine dreidimensionale „eingebettet" ist; dagegen können wir uns nicht einen gekrümmten Raum vorstellen, der ja an sich schon dreidimensional ist. Aber das Fehlen einer menschlichen Vorstellungsmöglichkeit bietet kein Hindernis für eine abstrakt mathematische Behandlung. Nachdem zuerst GAUSS im Jahre 1827 eine allgemeine Flächentheorie entwickelt hatte, zeigte im Jahre 1854 der Mathematiker RIEMANN, wie auch unsere übliche dreidimensionale räumliche Geometrie aufgefaßt werden kann als Spezialfall einer allgemeineren dreidimensionalen Geometrie, in der also der Raum ebenso „gekrümmt" ist wie in einer zweidimensionalen Geometrie die Fläche; und was für die dreidimensionale Geometrie gilt, das gilt ebenso, wie auch schon RIEMANN wußte, für jede Geometrie von beliebiger Dimensionszahl; es muß also auch gelten für die als MINKOWSKI-Welt bezeichnete vierdimensionale Mannigfaltigkeit, die Raum und Zeit miteinander verknüpft. Auch diese haben wir uns, wenn wir ihrer mathematischen Behandlung statt einer speziellen eine allgemeine Geometrie zugrundelegen, als gekrümmt zu denken, wobei natürlich der Grad der Krümmung von Stelle zu Stelle in stetiger Weise verschieden sein kann.

EINSTEINS genialer Gedanke ist es nun, daß die Krümmung der MINKOWSKI-Welt in einem Zusammenhang stehe mit der räumlich-zeitlichen Materieverteilung. EINSTEINS verallgemeinertes Beharrungsgesetz, das eben zugleich das neue Gravitationsgesetz darstellt, sagt nichts anderes aus, als daß sich ein jeder Körper stets so bewege, daß seine Weltlinie geodätisch sei in der durch die Materie gekrümmten MINKOWSKI-Welt.[13]

Diese Auffassung der Gravitation führt unmittelbar zu

einer sehr bedeutungsvollen Folgerung. Wir denken uns an irgendeiner Raumstelle und zu irgendeiner Zeit einen Körper mit irgendwelcher Geschwindigkeit; doch sei seine Masse nur eine „Probemasse“, d. h. sie sei so klein, daß sie das materielle Feld und also auch die Krümmung der MINKOWSKI-Welt nicht merklich zu beeinflussen vermag. Die Bewegung der Probemasse ist dann nach dem vorhin Gesagten dargestellt durch die geodätische Linie, die an dem betreffenden Weltpunkt in der Richtung gelegt wird, die der gegebenen Geschwindigkeit entspricht. Nun denken wir uns nochmals den Probekörper an demselben Orte, zu derselben Zeit und mit derselben Geschwindigkeit; doch sei diesmal seine Masse nur halb so groß wie vorhin. Die Bewegung wird nun durch genau dieselbe geodätische Linie dargestellt wie in dem ersten Fall. Andererseits ist aber, wie früher gezeigt wurde, durch die Weltlinie für einen gegebenen Beobachter die Beschleunigung vollkommen bestimmt; wird also das Gravitationsgesetz als eine Verallgemeinerung des Beharrungsgesetzes angesehen, so ergibt sich aus dieser Auffassung als notwendige Folge, daß die als Gravitationswirkung interpretierte Beschleunigung von der Masse unabhängig sein muß.

Diese Erkenntnis können wir auch anders ausdrücken. In üblicher Weise definieren wir als die träge Masse eines Körpers das konstante Verhältnis, das zwischen einer beliebigen, an dem Körper angreifenden Kraft und der durch sie hervorgerufenen Beschleunigung besteht (von der relativistischen Korrektion sehen wir hier ab). Wir gelangen so zu einer Einheitsmasse, deren Größe von den benutzten Einheiten der Kraft und der Beschleunigung abhängt. Andererseits können wir nun wiederum die Masse von Körpern derart feststellen, daß wir es messen, eine wieviel mal größere Anziehung sie im Gravitationsfelde erfahren als jene Einheitsmasse. Die Zahl, die dieses Verhältnis darstellt, bestimmt dann die schwere Masse des Körpers. Wenn nun tatsächlich die Beschleunigung im Schwerefeld von der trägen Masse unabhängig ist, dann muß nach dem zweiten NEWTONschen Bewegungsaxiom die Schwerkraft genau proportional sein der trägen Masse. Es muß also der doppelten trägen Masse die doppelte Schwerkraft entsprechen, also auch die doppelte *schwere* Masse und so fort; es müssen ganz allgemein *schwere und träge Masse identisch* sein.

Diese Erkenntnis fand einen bestimmten Ausdruck ja schon in GALILEIS Feststellung, daß alle Körper, von welcher Masse immer, im leeren Raume gleich rasch fallen. In der klassischen Mechanik wurde es als ganz selbstverständlich hingenommen, daß die träge Masse dem Gewicht proportional sei. Auf das genaueste wurde die Richtigkeit dieser Annahme durch Präzisionsmessungen von EÖTVÖS (1890) bestätigt. Diese Messungen gründeten sich darauf, daß ja das Gewicht der Körper eine Resultierende aus zwei Kräften darstellt, aus der sogenannten reinen Attraktion und aus der Zentrifugalkraft, die durch die Erdrotation hervorgerufen wird. Während jene Kraft durch die *schwere* Masse bedingt ist, hängt diese von der *trägen* Masse ab. Die mit außerordentlicher Genauigkeit durchgeführten Messungen von EÖTVÖS zeigten nun, daß bei größter Verschiedenheit der Masse und der chemischen Beschaffenheit gleichwohl nicht der mindeste Richtungsunterschied der resultierenden Kraft feststellbar war. Der Satz von der Identität der schweren und der trägen Masse erscheint durch diese Messungen völlig sichergestellt. Aber während er vor EINSTEIN als eine Selbstverständlichkeit galt, über die die Physiker nicht weiter nachdachten, ist erst durch EINSTEINS Theorie der tiefere Grund dieser merkwürdigen Gesetzmäßigkeit offenbar geworden.

Das neue Gravitationsgesetz ist aber nun natürlich noch unvollständig, solange wir nicht wissen, nach welcher Beziehung die MINKOWSKI-*Welt durch die Materie gekrümmt* ist. Um auch zu der Lösung dieser Frage geführt zu werden, denken wir uns in einer irgendwie gekrümmten Fläche ein *zweifaches System von Kurvenscharen*, die wir als x- und y-Kurven unterscheiden wollen, wobei aber keine x-Kurve eine andere x-Kurve und keine y-Kurve eine andere y-Kurve schneiden soll (Fig. 8). Wir können uns dann jede der aufeinander folgenden x-Kurven mit fortlaufenden Zahlen bezeichnet denken und ebenso jede y-Kurve. Wir können uns aber auch etwa zwischen den Kurven $x = 6$ und $x = 7$

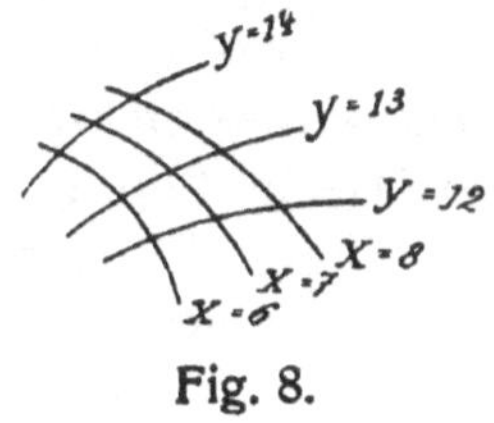

Fig. 8.

noch neun dazwischen liegende Kurven gezeichnet denken, die natürlich wiederum einander nicht schneiden sollen, und können dann diesen Kurven die Zahlenwerte 6,1; 6,2; ... 6,9 zuordnen. Ebenso können wir auch wiederum zwischen den Kurven $x = 6{,}1$ und $x = 6{,}2$ neun Kurven einschieben und diesen die Zahlenwerte geben 6,11; 6,12 ... 6,19. Auf diese Weise können wir schließlich jedem Punkte der Fläche zwei Zahlenwerte, einen x- und einen y-Wert zuordnen und diese dann im weiteren Sinne dieses Wortes als die Koordinaten des betreffenden Punktes ansehen; wir bezeichnen sie als seine GAUSSischen Koordinaten. Die in der ebenen Geometrie in üblicher Weise benutzten CARTESischen Koordinatensysteme stellen natürlich nur Spezialfälle der GAUSSischen dar.

Wir wollen uns nun, nachdem wir ein GAUSSisches Koordinatensystem derart festgelegt haben, in der Fläche drei benachbarte, also ein Dreieck bildende Punkte gezeichnet denken. In dem Sonderfall der ebenen Geometrie wären dann durch die Koordinaten der drei Punkte die Längen der Dreiecksseiten, die Winkel und der Flächeninhalt des Dreiecks vollkommen bestimmt. In einer Geometrie auf einer ganz beliebig gekrümmten Fläche ist dies jedoch nicht der Fall. Die Angaben der Koordinaten reichen dann zur Bestimmung der Längen, der Winkel und des Flächeninhalts noch nicht aus. Es muß überdies, wie GAUSS erkannte, noch eine Größe gegeben sein, die man den metrischen Fundamentaltensor nennt. In bezug auf ein bestimmtes, in der Fläche gelegtes Koordinatensystem ist dieser Tensor durch drei Komponenten gegeben. Die Dreizahl erklärt sich daraus, daß er zwei Komponenten nach den beiden Koordinatenachsen und gewissermaßen eine nach der Koordinatenfläche hat.

Dieser Tensor muß für die betreffende Stelle, an der wir uns das kleine Dreieck konstruiert dachten, unbedingt gegeben sein, wenn wir aus den Koordinaten der drei Punkte die Seiten, die Winkel und den Inhalt berechnen wollen. Er bestimmt erst die Maßverhältnisse[14]; er geht darum auch notwendigerweise in alle Formeln einer allgemeinen Flächentheorie ein. Umgekehrt kann der Fundamentaltensor auch wieder durch Ausmessungen des vorhin erwähnten Dreiecks ermittelt werden, ohne daß man etwas darüber zu wissen braucht, wie an der betreffenden Stelle die Fläche „in den Raum gebettet" ist. Eine allgemeine Flächengeometrie hat also überhaupt erst dann einen Sinn, sie ist überhaupt erst dann möglich, wenn für jede Stelle der Fundamentaltensor gegeben ist, der im allgemeinen natürlich von Stelle zu Stelle in stetiger Weise verschieden sein kann.

Im allgemeinen ist die Zahl der Komponenten des Fundamentaltensors gleich der Summe aus der Zahl der Koordinatenachsen und der Koordinatenflächen. In der dreidimensionalen Geometrie hat daher der Fundamentaltensor drei plus drei oder sechs und in einer vierdimensionalen Geometrie vier plus sechs oder zehn Komponenten. (Denn in einer vierdimensionalen Geometrie gibt es sechs Koordinatenflächen; eine wird gebildet von der ersten und zweiten Koordinatenachse, eine von der ersten und dritten, eine von der ersten und vierten, eine von der zweiten und dritten, eine von der zweiten und vierten und schließlich eine von der dritten und vierten Koordinatenachse.)

Läßt also die Physik das willkürliche Vorurteil fallen, daß die Geometrie in der MINKOWSKI-Welt sozusagen eben, also frei von Krümmung sein müsse, dann muß sie aus geometrischer Notwendigkeit jeder Stelle der MINKOWSKI-Welt einen bestimmten Wert des zehnkomponentigen Fundamentaltensors zuordnen, der von Stelle zu Stelle nur in stetiger Weise verschieden sein kann. Andererseits ist die räumlich-zeitliche Verteilung der Materie, mit anderen Worten also die räumliche Verteilung der Materie und ihr Geschwindigkeitszustand, ebenfalls durch einen zehnkomponentigen sogenannten Tensor darstellbar, der ebenfalls an jeder Stelle der MINKOWSKI-Welt seinen bestimmten Wert hat.

Mittels einiger plausibler Annahmen gelangte nun EINSTEIN zu einem bestimmten Zusammenhang, der diesen sogenannten Materie-Tensor mit dem Fundamentaltensor und mit solchen Größen verknüpft, die sich aus dem Fundamentaltensor durch reine Rechenoperationen ableiten lassen. Seinen Ausdruck findet dieser Zusammenhang in den sogenannten EINSTEINschen Feldgleichungen; und das EINSTEINsche Gravitationsgesetz sagt demnach aus, daß die Bewegung eines

Massenpunktes durch eine geodätische Linie in der MINKOWSKI-Welt dargestellt sei, deren durch die Materie bedingte Krümmung wiederum den Feldgleichungen genügen muß.

Da sowohl die geodätische Linie als auch die Weltkrümmung völlig unabhängig ist von dem benutzten GAUSSischen Koordinatensystem, so gilt somit auch das EINSTEINsche Gravitationsgesetz, mit anderen Worten also das verallgemeinerte Beharrungsgesetz, für jedes beliebige GAUSSische Koordinatensystem. Andererseits findet ein jeder Wechsel des Bezugssystems, der im Raume als Übergang zwischen zwei ganz beliebig gegeneinander bewegten dreidimensionalen Koordinatensystemen erscheint, im Vierdimensionalen immer seine Darstellung durch einen Übergang von einem zu irgendeinem anderen GAUSSischen Koordinatensystem.

Das verallgemeinerte Beharrungsgesetz muß also in der Form des EINSTEINschen Gravitationsgesetzes in genau gleicher Weise für zwei verschiedene räumliche Koordinatensysteme gelten, wie immer auch diese gegeneinander bewegt sein mögen. Bei dem Übergang von einem zu einem anderen Bezugssystem ändern sich nur die Komponenten der in dem Gesetz auftretenden Tensorgrößen, und die dadurch mit dem Übergang verknüpften Änderungen sind es eben, die von der klassischen Mechanik als Trägheitskräfte interpretiert wurden, die je nach der Wahl des Bezugssystems verschieden ausfallen. Durch die neue Theorie erscheint so das Relativitätspostulat in vollkommenster Weise erfüllt. Darum wird die EINSTEINsche Gravitationstheorie auch als die allgemeine Relativitätstheorie bezeichnet und ihr die frühere EINSTEINsche Theorie (da sie in der neuen als Sonderfall erscheint) als spezielle Relativitätstheorie gegenübergestellt.

In erster Annäherung ergibt das EINSTEINsche Gravitationsgesetz das bekannte NEWTONsche Attraktionsgesetz, demzufolge die anziehende Kraft zwischen zwei Körpern dem Produkte ihrer Massen direkt und dem Quadrate ihres Abstandes umgekehrt proportional ist. Das NEWTONsche Gesetz stellt aber nur einen Spezialfall des EINSTEINschen Gravitationsgesetzes dar, das natürlich viel allgemeiner sein muß als das NEWTONsche.

In der Tat folgt aus dem EINSTEINschen Gesetz die Notwendigkeit verschiedener Erscheinungen, die sich aus dem NEWTONschen Gesetz nicht ableiten lassen, und hierdurch ist nun auch die Möglichkeit gegeben, die allgemeine Relativitätstheorie an der Erfahrung zu überprüfen. Da ergibt sich nun zunächst aus dem EINSTEINschen Gesetz im Gegensatze zu dem NEWTONschen die wichtige Folgerung, daß die Ellipsen, die die einzelnen Planeten um die Sonne beschreiben, eine ständige, sehr langsame Drehung (in ihrer eigenen Ebene) erfahren müssen, und zwar in um so höherem Grade, je näher der Planet der Sonne ist. Nun hat in der Tat schon in der Mitte des 19. Jahrhunderts der Astronom LEVERRIER entdeckt, daß sich die Bahn des der Sonne nächsten Planeten, des Merkur, um einen Winkel von 43 Bogensekunden in einem Jahrhundert dreht; um so viel ist nämlich die tatsächlich beobachtete Drehung größer, als sie nach der Anziehung aller in Betracht kommenden Himmelskörper sein sollte. Diese Anomalie der Merkurbahn war den Astronomen ein völliges Rätsel gewesen; man hatte aus ihr sogar schon auf die Existenz eines unbekannten Planeten geschlossen, der zwischen der Merkurbahn und der Sonne liege und der die vermeintlichen Störungen der Merkurbahn verursache. Aus der EINSTEINschen Theorie folgt nun nicht nur die Tatsache der Drehung der Merkurbahn, sondern sie ergibt sich durch die Berechnung auch in der tatsächlich beobachteten Größe.

Aus der EINSTEINschen Theorie folgt ferner, daß Spektrallinien, die von Sternen mit sehr großer Masse herrühren, eine Verschiebung nach dem roten Ende des Spektrums zeigen müßten. Ein derartiger Effekt liegt an der Grenze der derzeit erreichbaren Messungsgenauigkeit. Eine endgültige Entscheidung war darum auch bisher noch nicht möglich, wenn auch Messungen von GREBE und BACHEM mit ziemlicher Wahrscheinlichkeit für das Vorhandensein des Effektes sprechen.[15]

Eine dritte Folgerung, zu der das EINSTEINsche Gravitationsgesetz führt, ist, so merkwürdig sie zunächst wohl auch schien, in der Tat genau so, wie es die Theorie vorausgesagt hatte, im Jahre 1919 (und neuerlich im Jahre 1922) durch eine astronomische Beobachtung bestätigt worden, der Anhänger und Gegner der Relativitätstheorie mit gleich großer Spannung entgegensahen. Aus der EINSTEINschen Gravitationstheorie folgt nämlich, daß Lichtstrahlen bei dem Vorbeigehen an Massen gekrümmt werden müßten. Ein von einem Stern herrührender Strahl, der unmittelbar an der Oberfläche der Sonne vorbeigelangt, müßte nach der EINSTEINschen Theorie eine Biegung von insgesamt 1,7 Bogensekunden erfahren; geht er an der Sonne in einer Entfernung des doppelten Sonnenhalbmessers (vom Zentrum gemessen) vorbei, so wäre die Krümmung halb so groß, und so fort. Infolge der Strahlkrümmung könnte aber nun der den Strahl aussendende Stern einem irdischen Beobachter nicht an seinem tatsächlichen Orte erscheinen; die Sterne, die der Sonne am Himmel benachbart sind, müßten daher um ein klein wenig von der Sonne weg verschoben erscheinen, und zwar um so mehr, je näher sie der Sonne sind (Fig. 9).

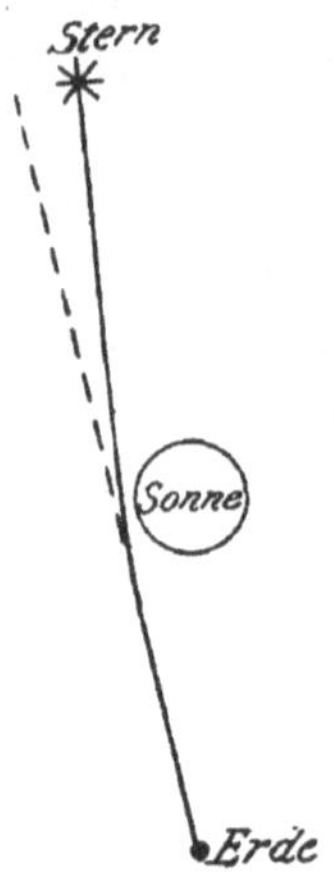

Fig. 9.

Nun sind allerdings die Sterne, die in der Nähe der Sonne stehen, im allgemeinen unsichtbar; aber während einer totalen Sonnenfinsternis können sie wahrgenommen und photographiert werden. Bei einer solchen Sonnenfinsternis müßte sich also der „EINSTEIN-Effekt“, falls er tatsächlich vorhanden ist, offenbaren. Während einer totalen Sonnenfinsternis wurde nun 1919 und 1922 die Sonne mit den sie umgebenden Fixsternen photographiert, und die genauen Ausmessungen der Photographien ergaben in der Tat den von EINSTEIN vorausgesagten Effekt, nicht nur qualitativ, sondern auch quantitativ vollkommen richtig, innerhalb einer Fehlergrenze von etwa 10 Prozent[16]; in der Tat ein wunderbarer Triumph für die kühnste aller Theorien, für die allgemeine Relativitätstheorie.

Siebenter Vortrag.

Die Physik der Sterne.

Unter den vielen Zweigen der Naturlehre ist die Sternkunde weitaus am ältesten. Bei allen Kulturvölkern des Altertums beginnt die wissenschaftliche Tätigkeit mit der Durchmusterung des gestirnten Himmels. Aber gleichwohl ist bis gegen das Ende des 18. Jahrhunderts, wenn man von der Erforschung unseres Sonnensystems absieht, die Sternkunde über ihre ursprünglichen Probleme kaum hinausgelangt. Noch vor hundert Jahren war die Astronomie der Fixsterne beschränkt auf die Registrierung und Katalogisierung der scheinbaren Orte, die die Sterne auf der sogenannten Himmelskugel einnehmen; dazu kam höchstens noch die Vergleichung der scheinbaren Helligkeiten der Sterne sowie gelegentliche Feststellungen über Veränderungen, die man an den Sternen entweder hinsichtlich ihrer scheinbaren Lage oder hinsichtlich ihrer scheinbaren Helligkeit wahrnahm.

Erst im Laufe des 19. Jahrhunderts beginnen exakte Forschungen über den Aufbau der Sternenwelt und über die physikalische Beschaffenheit der Fixsterne; und seit dem Beginne des 20. Jahrhunderts hat auf diesem Forschungsgebiet die Astronomie, in engem Zusammenhang mit der Physik, die gewaltigsten Fortschritte erzielt, die zu einer großartigen Erweiterung des astronomischen Weltbildes geführt haben.

Die erste wirkliche und nicht bloß scheinbare Eigenschaft, die an Fixsternen erforscht wurde, war der Abstand von unserem Sonnensystem. Die Möglichkeit einer solchen

Distanzbestimmung gründet sich auf die Tatsache, daß infolge der jährlichen Bewegung der Erde um die Sonne ein uns näherer Stern gegenüber den ihm auf der Himmelskugel scheinbar benachbarten, von uns jedoch viel weiter entfernten Sternen die scheinbare Stellung periodisch ändern muß. Schon im 17. Jahrhundert bemühten sich einige Astronomen, mittels dieser Methode, die man die trigonometrische nennt, die Entfernungen von Fixsternen zu ermitteln. Aber auch die allernächsten Fixsterne sind so ungeheuer weit von uns entfernt, daß diese Versuche immer wieder fehlschlugen. Erst im Jahre 1837 gelang zum erstenmal die Bestimmung einer Fixsternentfernung, und zwar gelang sie dem Königsberger Astronomen BESSEL bei einem schwächeren Sterne im Bilde des Schwans, bei dem Sterne 61 Cygni. Die Entfernung dieses Sternes ergab sich ungefähr 700000 mal so groß wie der Abstand der Erde von der Sonne.[1]

Als der uns nächste Fixstern galt bis vor kurzem der hell leuchtende, in Europa jedoch nicht sichtbare Stern Alpha Centauri.[2] Sein Abstand von uns ist ungefähr 280000 mal so groß wie der Abstand der Erde von der Sonne; er beträgt also ungefähr 40 Billionen Kilometer. Als Einheit der Entfernung pflegt man nun in der Fixsternastronomie gewöhnlich das Lichtjahr zu benutzen, nämlich die Strecke, die das Licht, das in der Sekunde 300000 km durchläuft, in einem Jahre zurücklegt.[3] Zur Veranschaulichung dieser Größe sei darauf hingewiesen, daß das Licht von dem Monde bis zur Erde nur etwas über eine Sekunde, von der Sonne zur Erde etwa acht Minuten und von der Sonne bis zu dem äußersten Planeten, dem Neptun, vier Stunden braucht. Die Entfernung von α Centauri beträgt 4,3 Lichtjahre; sie ist also ungefähr zehntausendmal so groß wie die Entfernung von der Sonne bis zum Neptun. In der nächsten Nähe von α Centauri wurde übrigens ein sehr lichtschwacher Stern entdeckt, der uns vielleicht noch etwas näher ist als α Centauri und der darum Proxima Centauri benannt wurde; seine Distanz dürfte 4,2 Lichtjahre betragen. Der am Firmament am hellsten uns leuchtende Fixstern, der Sirius, ist, wie man gefunden hat, 9 Lichtjahre von uns entfernt, die Wega in der Leier etwa 30 Lichtjahre, und so fort.

Die trigonometrische Methode der Distanzbestimmung ist aber nur verwendbar, wenn der Stern von uns nicht weiter als etwa 200 Lichtjahre entfernt ist. Ist die Distanz größer, so kann die scheinbare jährliche Bewegung am Firmament nicht mehr gemessen werden, und eine Bestimmung der Entfernung ist dann nur nach anderen, später zu erörternden Methoden möglich.

Zurzeit kennt die Astronomie etwa zwanzig Sterne, die von der Sonne nicht weiter entfernt sind als 16 Lichtjahre[4] und die man als die Sterne der nächsten Sonnenumgebung zu bezeichnen pflegt. Unter diesen zwanzig Sternen sind außer den schon erwähnten Sternen Sirius und α Centauri noch zwei weitere, am Firmament sehr hell erscheinende Sterne, nämlich Prokyon im kleinen Hund und Atair im Adler.

Daß die Fixsterne sogenannte Eigenbewegungen aufweisen, daß auch sie ihren Ort am Firmament im Laufe der Zeit ändern, das hat zuerst im Beginn des 18. Jahrhunderts Halley erkannt, als er die Ortsangaben einiger Sterne in einem Sternkatalog seiner Zeit mit den um fast zwei Jahrtausende älteren Angaben verglich, die sich in dem antiken Sternkatalog des Hipparch finden.

Seit der zweiten Hälfte des 18. Jahrhunderts hat man dann bei vielen Fixsternen Veränderungen ihres Ortes auf der Himmelskugel festgestellt. Bei gleicher tatsächlicher Geschwindigkeit müssen uns diese Ortsveränderungen natürlich um so größer erscheinen, je näher uns der Stern ist. Ganz besonders groß ist die scheinbare Wanderung am Firmament bei dem Stern Arktur; aber trotzdem braucht auch er fast zweitausend Jahre, um seinen scheinbaren Ort auch nur um einen Grad zu ändern. (In Fig. 10 ist die Stellung, die Arktur vor 4000 Jahren innehatte, durch einen Kreis angedeutet.) Der Anblick, den heute die Sternbilder bieten, kann daher im allgemeinen kaum merklich von dem Anblick verschieden sein, den sie im Altertum geboten haben.

Ist die Entfernung eines Fixsternes bekannt, so kann aus der Geschwindigkeit seiner scheinbaren Ortsveränderung natürlich seine tatsächliche Geschwindigkeit quer zu der Blickrichtung ermittelt werden. Bei Arktur ergibt sich der sehr große Wert von 144 km in der Sekunde; das ist ungefähr fünfmal so viel wie die Geschwindigkeit, mit der die Erde um die Sonne kreist. Bei den meisten anderen Sternen haben sich hingegen geringere Werte für diese Geschwindigkeit ergeben, meist zwischen 5 und 30 km in der Sekunde.

Während also die Bewegung quer zu der Blickrichtung nur bei bekannter Entfernung und wahrnehmbarer scheinbarer Ortsänderung ermittelt werden kann, vermag die Astronomie die Geschwindigkeit in der Blickrichtung, die sogenannte Radialgeschwindigkeit, bei den Sternen heute ohne Schwierigkeiten festzustellen; dazu genügt die Untersuchung

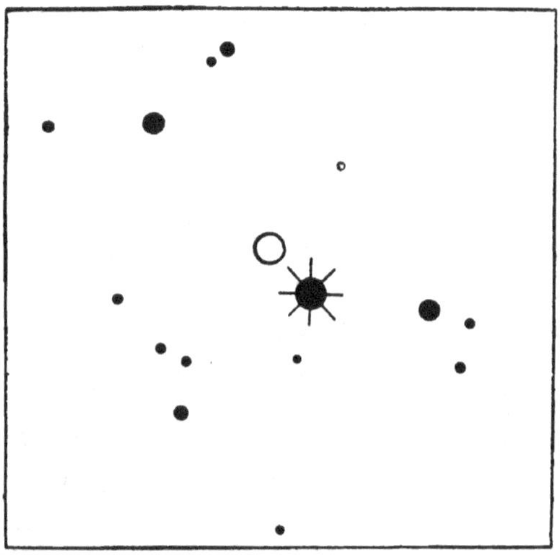

Fig. 10. Eigenbewegung des Arktur in 4000 Jahren.

des Spektrums des betreffenden Sternes. Die Bestimmung der Radialgeschwindigkeit gelingt dann auf Grund des sogenannten Dopplerschen Prinzips. Im Jahre 1842 hatte der Physiker Doppler das wichtige Prinzip aufgestellt, daß uns die Farbe einer Lichtquelle verändert erscheinen müsse, wenn die Lichtquelle sich uns nähert oder sich von uns entfernt; und zwar müßte, wenn wir an die Folge der Regenbogenfarben denken, bei einer Annäherung der Lichtquelle die Farbenverschiebung gegen das Violett, bei einer Entfernung der Lichtquelle hingegen gegen das Rot erfolgen.

Diese Farbenänderung äußert sich nun, wie später die

Astronomen erkannten[5], bei den Sternen in einer Verschiebung ihrer Spektrallinien. Der Sinn der Verschiebung läßt es erkennen, ob sich der Stern uns nähert oder sich von uns entfernt, während die Größe der Verschiebung eine Bestimmung der Radialgeschwindigkeit ermöglicht. Will man die Geschwindigkeit eines Sternes innerhalb des Sternsystems berechnen, so muß allerdings aus den Messungsergebnissen noch der zweifache Einfluß ausgeschaltet werden, den einerseits die Bewegung der Erde um die Sonne und andererseits die Eigenbewegung der Sonne hat; letztere läßt sich durch statistische Betrachtungen ermitteln. Für die Radialgeschwindigkeiten der Sterne ergeben sich so Werte von derselben Größenordnung wie für die Geschwindigkeit quer zu der Blickrichtung.

Für die Geschwindigkeit, mit der sich die Sonne innerhalb des Sternsystems bewegt, wurde ein Wert von etwa 20 km in der Sekunde abgeleitet. Das ist wohl tausendmal so viel wie die Geschwindigkeit eines Schnellzugs; daß aber trotzdem die Bewegung der Sonne eigentlich doch recht langsam erfolgt, erkennt man daraus, daß sie mit dieser Geschwindigkeit die Entfernung von ihr bis zum nächsten Fixstern erst in etwa 60000 Jahren zurücklegen könnte. Die Richtung, in der die Bewegung der Sonne erfolgt, weist zum Sternbild der Leier.[6]

Von besonderer Bedeutung sind für die Astronomie nun die Bewegungen der sogenannten Doppelsterne. Schon im 18. Jahrhundert war es einigen Astronomen aufgefallen, daß am Firmament eine unmittelbare Nachbarschaft zweier Sterne viel häufiger wahrgenommen wird, als es nach den Regeln der Wahrscheinlichkeit zu erwarten wäre. Es erschien daher die Vermutung berechtigt, daß es sich in der Mehrzahl dieser Fälle nicht um eine bloß zufällige Übereinstimmung in der Blickrichtung, sondern um eine tatsächliche Nachbarschaft im Raume, um einen tatsächlichen physischen Zusammenhang handelt. In der Tat konnte dann im Beginne des 19. Jahrhunderts HERSCHEL nachweisen, daß bei den meisten der damals bekannten Doppelsterne die beiden Komponenten Lagenveränderungen ausführen, die infolge der Krummlinigkeit der scheinbaren Bahn nur auf eine wechselseitige Gravitation zwischen den beiden Komponenten zurückgeführt werden können.

In den besonders interessanten Fällen, in denen ein hellerer Stern einen dunklen oder lichtschwachen Begleiter hat, bekundet sich die Bewegung des Systems durch eine periodisch wiederkehrende Bedeckung des helleren Sternes, die sich mitunter als periodische Änderung der scheinbaren Helligkeit genau verfolgen und messen läßt. Dies ist z. B. bei dem merkwürdigen Doppelstern Algol im Perseus der Fall (vgl. Fig. 11, in der der helle Stern durch eine weiße, der dunkle durch eine schwarze Scheibe dargestellt ist).

Bei sehr vielen Sternen hat man schließlich ihre Doppelnatur durch ihr Spektrum erkannt, auch ohne daß es möglich wäre, die beiden Sterne einzeln zu sehen oder zu photographieren. Diese besonders eng benachbarten Sternpaare bezeichnet

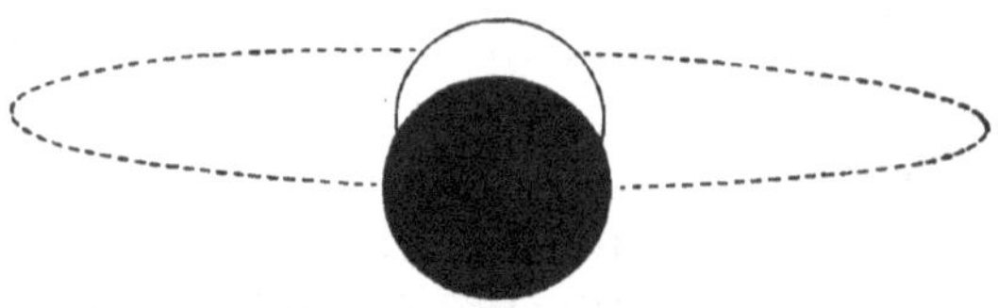

Fig. 11. Helligkeitswechsel von Algol.

man als spektroskopische Doppelsterne im Gegensatz zu den sogenannten visuellen, bei denen die beiden Komponenten einzeln wahrgenommen werden können.[7] Die spektroskopischen Doppelsterne erkennt man nun als solche durch das DOPPLERsche Prinzip. Wenn nämlich die beiden Komponenten sich periodisch um ihren gemeinsamen Schwerpunkt bewegen, dann muß es natürlich immer wieder vorkommen, daß sich der eine Stern auf uns zu und sich der andere von uns weg bewegt. Fassen wir nun eine bestimmte Spektrallinie ins Auge, so müßte sie daher bei dem einen Stern gegen das Violett, bei dem anderen gegen das Rot verschoben sein. Da aber nur ein gemeinsames Spektrum beider Sterne wahrnehmbar ist, so muß dieses eine Verdoppelung der Linien zeigen, wobei sich die Breite der Verdoppelung natürlich periodisch ändern muß (Fig. 12 zeigt die Linienverdoppelung im Spektrum des Doppelsternes β Aurigae).

Die Umlaufszeit eines Doppelsternes läßt sich verhältnismäßig leicht durch die Beobachtung ermitteln. Bei den visuellen Doppelsternen hat man Umlaufszeiten von 5 Jahren bis zu einigen Jahrhunderten gefunden. Auch bei den spektroskopischen Doppelsternen beträgt die Umlaufszeit oft Jahrzehnte oder Jahre, manchmal aber auch nur Tage oder gar nur Stunden.

Wenn bei einem visuellen Doppelstern seine Entfernung von uns bekannt ist, so kann aus dem scheinbaren Abstand der beiden Komponenten am Firmament natürlich auch deren wirklicher Abstand berechnet werden. So ergibt sich z. B. bei α Centauri, der sich als Doppelstern erwiesen hat, als

Fig. 12. Linienverdoppelung im Spektrum von β Aurigae.

Entfernung der beiden Komponenten eine Länge von etwa 20 Erdbahnhalbmessern, was nur zwei Dritteln der Strecke von der Sonne bis zum Neptun entspricht. Bei den sehr engen spektroskopischen Doppelsternen muß, wenn diese nicht allzuweit von uns entfernt sind, der wirkliche Abstand der beiden Komponenten natürlich oft noch viel kleiner sein. Durch eine neuartige Methode, auf die hier nicht eingegangen werden soll, hat man z. B. vor kurzem für den spektroskopischen Doppelstern Kapella im Fuhrmann eine Distanz der Komponenten ermittelt, die kleiner ist als der Abstand der Erde von der Sonne.

In den Fällen, in denen die Bahn eines Doppelsternes

berechnet werden konnte, konnten nach dem Gravitationsgesetz auch die Massen der beiden Sterne ermittelt werden. Man fand z. B. bei dem Sirius, der sich auch als Doppelstern erwies, für den helleren Stern die $2^1/_2$fache, für den schwächeren etwa die einfache Sonnenmasse. Bei der Kapella sind die beiden Massen 4,6- und 3,6mal so groß wie die Sonnenmasse (bei der vorhin angegebenen geringen Distanz und einer Umlaufszeit von einem Vierteljahr). Sehr bedeutungsvoll ist es aber nun, daß unter den Doppelsternen keiner gefunden wurde, dessen Gesamtmasse kleiner wäre als drei Zehntel der Sonnenmasse, und auch keiner, dessen Masse die Sonnenmasse mehr als fünfzigfach übertreffen würde. Die kleinste bisher bekannte Masse, die außerhalb unseres Sonnensystems festgestellt wurde, beträgt ein Siebentel der Sonnenmasse.

Bei den Doppelsternen, bei denen wie bei Algol eine periodische Verdunkelung des einen Sternes eintritt, konnten bei bekannter Entfernung von unserem Sonnensystem übrigens auch die Durchmesser der Komponenten und somit bei bekannter Masse auch die Dichten der beiden Sterne berechnet werden. Man fand z. B. für die beiden Komponenten von Algol ungefähr den zehnten Teil der Sonnendichte oder, was dasselbe ist, ungefähr ein Siebentel von der Dichte des Wassers.

Die Doppelsterne scheinen keineswegs selten zu sein. Von einer sehr großen Zahl von Sternen, die auf eine etwaige Doppelnatur untersucht wurden, hat sich ungefähr ein Siebentel als spektroskopische Doppelsterne erwiesen. Da wir annehmen müssen, daß viele Sterne doppelt sind, ohne daß wir es bisher erkennen konnten, so ist es keineswegs ausgeschlossen, daß Einzelsterne, wie unsere Sonne, vielleicht seltener sind als Doppelsterne. Übrigens sind der Astronomie auch zahlreiche dreifache Sterne bekannt (wie z. B. der Polarstern), auch vierfache und sogar fünffache.

Bei etwa hundert Fixsternen konnte nun, wie früher erwähnt wurde, die Entfernung nach der trigonometrischen Methode ermittelt werden, und bei den Sternen, bei denen dies möglich war, sind die Astronomen auch ohne weiteres in der Lage, die absoluten Helligkeiten dieser Sterne miteinander zu vergleichen. Was uns die unmittelbare Beobachtung zeigt und was durch besondere Instrumente auch recht genau gemessen werden kann, ist ja nur die scheinbare Helligkeit der Sterne, und diese hängt eben außer von der absoluten Leuchtkraft auch von der Entfernung ab. Denn es ist ja bekannt, daß die scheinbare Helligkeit einer Lichtquelle im umgekehrt quadratischen Verhältnis mit der Entfernung abnimmt; in doppelter oder dreifacher Entfernung weist eine Lichtquelle nur den vierten oder neunten Teil der scheinbaren Helligkeit auf, die sie in der einfachen Entfernung zeigt.

Sind nun die scheinbare Helligkeit und die Entfernung bekannt, so ist damit auch die absolute Helligkeit, die absolute Leuchtkraft gegeben; und von besonderem Interesse ist natürlich die Frage, wie sich die absolute Leuchtkraft unserer Sonne zu der Leuchtkraft anderer Sterne verhält. Von den früher erwähnten zwanzig Sternen, die in einem Abstand von weniger als 16 Lichtjahren die sogenannte unmittelbare Sonnenumgebung bilden, übertreffen allerdings nur vier die Sonne an absoluter Leuchtkraft; es sind der 30mal so helle Sirius, der 8mal so helle Atair, der 7mal so helle Prokyon und der etwa $1^1/_2$mal so helle Stern α Centauri. Die anderen 16 Sterne der nächsten Sonnenumgebung haben eine geringere absolute Leuchtkraft als die Sonne. Die geringste hat wohl die schon erwähnte Proxima Centauri, der allernächste Fixstern; ihre absolute Leuchtkraft ist etwa 15000mal kleiner als die der Sonne.

Betrachten wir den von den Astronomen am besten erforschten Teil des Weltraumes, die nächste Sonnenumgebung, so müssen wir allerdings die Sonne zu den helleren Sternen rechnen. Daß aber trotzdem ihre absolute Leuchtkraft sehr gering ist gegenüber derjenigen der hellsten Sterne, das erkennen wir, wenn wir die Fixsterne betrachten, die am Firmament die größte scheinbare Helligkeit aufweisen und die man in traditioneller Weise mit einem heute nicht mehr recht passenden Namen als die Sterne erster Größe bezeichnet.

Diese Sterne, zu denen man 21 zu zählen pflegt, übertreffen nun an absoluter Leuchtkraft durchwegs die Sonne. Die geringste Leuchtkraft hat unter diesen Sternen der Stern α Centauri, dessen absolute Helligkeit, wie schon erwähnt,

$1^1/_2$mal so groß ist wie die der Sonne. Für die Wega wurde z. B. die absolute Helligkeit etwa hundertmal so groß gefunden wie für die Sonne. Ja unter den erwähnten sogenannten Sternen erster Größe sind fünf, bei denen die Entfernung nach der trigonometrischen Methode überhaupt nicht ermittelt werden konnte, so daß wir ihre Entfernungen mit wohl mindestens 200, wenn nicht gar 300 Lichtjahren annehmen müssen. Daraus folgt, daß diese Sterne an absoluter Leuchtkraft die Sonne einige tausendmal, manche sogar zehntausendmal übertreffen müssen. Zu diesen ungeheuer hellen Sternen gehören die bekannten Sterne Rigel im Orion,

Fig. 13. Wahre Größe von Beteigeuze, Antares, Arktur und Sonne.

Spika in der Jungfrau, Deneb im Schwan, dann der Stern Beta des südlichen Kreuzes und vor allem der Stern, der nächst dem Sirius am Firmament die größte scheinbare Helligkeit aufweist, der aber in Europa nicht sichtbar ist, Kanopus im Schiff Argo.[8]

Daß diesen ungeheuren Unterschieden in der Leuchtkraft auch sehr große Unterschiede in den Lineardimensionen der Sterne entsprechen, geht unmittelbar aus den neuesten Bestimmungen von Sterndurchmessern hervor.[9] Diese Bestimmungen gründen sich auf eine (hier nicht näher zu erörternde) Methode, die der amerikanische Physiker MICHELSON ausgebildet hat und die die Interferenzerscheinungen verwertet, die die von dem auszumessenden Stern kommenden

Lichtstrahlen zeigen.[10] Nach dieser Methode konnten im Jahre 1920 auf der Mount-Wilson-Sternwarte in Kalifornien die scheinbaren Durchmesser von drei Fixsternen ermittelt werden, nämlich von Beteigeuze, Antares und Arktur. Da die Entfernungen dieser Sterne bekannt sind, waren damit auch die tatsächlichen Längen der Durchmesser gegeben. Es zeigte sich, daß der Durchmesser von Arktur etwa 20mal, der von Antares etwa 150mal und der von Beteigeuze etwa 300mal so groß ist wie der Durchmesser der Sonne (vgl. Fig. 13).

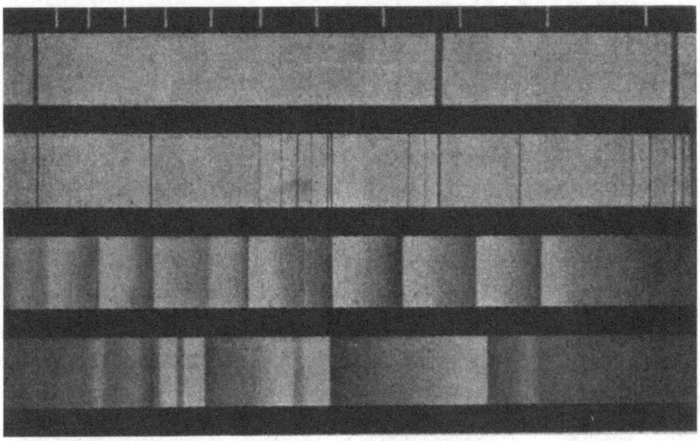

Fig. 14. Sternspektra.

Der riesige Stern Beteigeuze nimmt demnach einen so großen Raum ein, daß in ihm unser Sonnensystem bis fast zur Marsbahn Platz hätte. Das Volumen von Beteigeuze ist etwa 30 Millionen mal so groß wie das der Sonne. Da aber andererseits (nach dem früher Gesagten) ein wesentlicher Unterschied in der Masse nicht angenommen werden kann, so muß Beteigeuze eine ungeheuer geringe Dichte aufweisen. Die durchschnittliche Dichte der diesen riesigen Stern bildenden Gase muß ungefähr der Dichte der Luft in den höchsten Vakuen entsprechen, die in irdischen Laboratorien hergestellt werden können.

Die großen Unterschiede, die die Sterne in ihrer absoluten Leuchtkraft zeigen, stehen nun wieder in einem engen Zusammenhang mit einer anderen wichtigen Eigenschaft der

Sterne, nämlich mit ihrer Farbe oder, genauer gesagt, mit ihrem Spektraltypus. Die Verschiedenheit in der Farbe der Sterne fällt schon demjenigen auf, der die Sterne mit freiem Auge betrachtet. Die Wega erscheint bläulich-weiß, Kapella gelb, Beteigeuze rot. Was nun das Auge als Farbenunterschied empfindet, das stellt sich für die exakte astronomische Forschung als Verschiedenheit des Spektraltypus dar. Es treten z. B. bei den sogenannten weißen Sternen nur die Linien des Gases Helium auf oder diese, kombiniert mit Wasserstofflinien; bei den gelben Sternen kommen noch die Linien von Metallen hinzu; bei den roten Sternen treten gewisse Häufungen von Linien und sogenannte Banden auf, die für die Verbindungen von Metallen charakteristisch sind. (Die angegebenen vier Spektraltypen zeigt Fig. 14.)

Nach den Spektraltypen, die sich in eine kontinuierliche Folge ordnen lassen, teilt man heute die Sterne in zahlreiche Klassen und diese wieder in Unterklassen ein, so daß sich der Typus eines Sternes nach seinem Spektrum ziemlich scharf bestimmen und deutlich bezeichnen läßt.[11] Doch soll hierauf nicht näher eingegangen werden, und für das Folgende möge die grobe Unterscheidung zwischen weißen, gelben und roten Sternen genügen; bei den weißen Sternen möge noch unterschieden werden zwischen den sogenannten Heliumsternen, die nur die Linien des Heliums zeigen, und den sogenannten Wasserstoffsternen, die überdies die Linien des Wasserstoffs aufweisen. (Selbstverständlich darf man aber nicht etwa in den Irrtum verfallen, zu glauben, daß jene Sterne vorwiegend aus Helium, diese vorwiegend aus Wasserstoff bestehen und daß bei den gelben Sternen noch Metalle hinzukommen, die den weißen Sternen fehlen. Die chemische Zusammensetzung ist offenbar bei allen Sternen im wesentlichen die gleiche; aber es hängt von der Temperatur und der Dichte des Sternes ab, ob und in welcher Stärke und mit welcher Deutlichkeit die Spektrallinien der verschiedenen Grundstoffe auch tatsächlich in dem kleinen Teilbereiche des Gesamtspektrums auftreten, der untersucht werden kann.[12])

Da es nun bekannt ist, wie die Intensitätsverteilung in einem Spektrum von der Temperatur abhängt[13], so kann man auch für die Sterne die Temperatur angeben, die ihre leuchtenden Oberflächen haben müssen. Diese Oberflächentemperatur ist am niedrigsten für die roten Sterne, für die sie etwa 3500° beträgt; sie ist höher für die gelben Sterne, für die sie etwa zwischen 4000 und 9000° liegt und am höchsten für die weißen Sterne. Für die Wasserstoffsterne beträgt sie ungefähr 9000 bis 12000, für die Heliumsterne, die die heißesten Sterne sind, 12000 bis 20000°.

Zu sehr bedeutungsvollen Ergebnissen gelangte nun die Astronomie, als sie den Zusammenhang zwischen Spektraltypus und absoluter Leuchtkraft näher untersuchte. Es zeigte sich nämlich, daß sowohl unter den roten als auch unter den gelben Sternen deutlich zwei ganz verschiedene Gruppen von Sternen unterscheidbar sind, solche mit sehr großer und solche mit verhältnismäßig sehr geringer Leuchtkraft. Diese beiden Arten bezeichnet man heute allgemein als „Riesen" und „Zwerge".

Am schärfsten tritt der Gegensatz zwischen beiden Gruppen bei den roten Sternen in die Erscheinung. Die roten Sterne sind entweder Riesensterne von einer hundert- bis zehntausendmal größeren Leuchtkraft als die Sonne oder aber stehen sie als Zwergsterne in ihrer Leuchtkraft weit hinter der Sonne zurück. Beispiele für rote Riesensterne sind die schon erwähnten Sterne Beteigeuze und Antares. Ein Beispiel eines roten Zwergsternes ist der auch schon erwähnte Stern 61 Cygni; seine absolute Leuchtkraft ist zwanzigmal kleiner als die der Sonne.

Auch unter den gelben Sternen heben sich die Riesen deutlich von den Zwergen ab, wenn auch hier der Helligkeitsunterschied nicht mehr so gewaltig ist wie bei den roten Sternen. Die gelben Riesen sind ungefähr von derselben absoluten Helligkeit wie die roten Riesen; aber die gelben Zwerge sind doch absolut heller als die roten Zwerge. Ein Beispiel für einen gelben Riesenstern ist die Kapella, Beispiele für gelbe Zwergsterne sind unsere Sonne und α Centauri. Je weiter wir in der Skala der Spektraltypen von Rot gegen Weiß fortschreiten, desto geringer wird der Helligkeitsunterschied zwischen Riesen und Zwergen, und bei den weißen Sternen fällt daher diese Unterscheidung weg.

Der Gegensatz zwischen den beiden Gruppen der Riesen- und der Zwergsterne hat nun eine sehr interessante Deutung durch eine Theorie erfahren, die im Jahre 1914 RUSSEL aufstellte; diese heute ziemlich allgemein anerkannte Theorie betrifft die Entwicklung der Sterne.[14] RUSSEL unterscheidet in der Entwicklung eines Sternes Aufstieg und Abstieg. Die aufsteigende Entwicklung soll der Stern als Riese durchlaufen in der Reihenfolge rot—gelb—weiß, die absteigende als Zwergstern in der umgekehrten Reihenfolge weiß—gelb—rot.

Im Anfangsstadium des roten Riesen besitzt also der Stern bei noch nicht sehr hoher Temperatur eine ungeheure Ausdehnung, aber eine sehr geringe Dichte. Aus physikalischer Notwendigkeit muß sich nun der Stern ständig zusammenziehen, wobei er durch die Kontraktion auch fortwährend Wärme erzeugt. Die hierdurch und auch aus anderen Ursachen entstehende Wärme ist zunächst größer als der Wärmeverlust, der durch die ständige Ausstrahlung des Sternes hervorgerufen wird. Die Temperatur steigt also zunächst an, so daß der ursprünglich rote Stern allmählich in ein gelbes und weißes Leuchten übergeht. Dann aber wird offenbar ein kritisches Stadium erreicht, von dem ab die durch die Ausstrahlung verloren gehende Wärme nicht mehr vollkommen ersetzt werden kann. Die Temperatur nimmt infolgedessen bei fortschreitender Kontraktion immer mehr ab. Der Stern schrumpft zu einem dichten gelben Zwergstern und weiter zu einem noch dichteren roten Zwergstern zusammen, und schließlich wird die von ihm ausgehende Strahlung ultrarot oder „dunkel“; hat ein Stern dieses Stadium erreicht, so kann er von uns nicht mehr gesehen werden.[15] Unsere Sonne befindet sich als Zwergstern jedenfalls bereits in absteigender Entwicklung.

Eine sehr bedeutungsvolle Ergänzung erfuhren die Ideen RUSSELS durch eine Theorie, die im Jahre 1916 EDDINGTON aufstellte und die das innere Gleichgewicht der Sterne betrifft. Die Sterne denkt sich die moderne Astronomie natürlich als ungeheure leuchtende Gaskugeln, die durch die eigene Gravitation zusammengehalten werden und in denen eben eine ständige Wärmeerzeugung bei gleichzeitiger ständiger Energieausstrahlung stattfindet. Die Gesetze, die die Physik für Gaskugeln ableiten kann, konnte darum die Astronomie auch auf die Sterne anzuwenden versuchen. Aber diese Versuche führten erst dann zu brauchbaren Ergebnissen, als EDDINGTON in die Theorie einen neuen Faktor einführte, dessen Bedeutung bis dahin übersehen worden war; das ist der sogenannte Strahlungsdruck.

Die neuere Physik hat gezeigt, daß mit jeder Strahlung von elektromagnetischer Energie ein Druck verbunden sein muß. Der Druck der Sonnenstrahlen ist allerdings so gering, daß er nur mittels der feinsten experimentellen Methoden empirisch nachgewiesen werden kann.[16] Aber bei der ungeheueren Strahlung, die aus dem Inneren eines Sternes gegen dessen Oberfläche dringt, kann, wie EDDINGTON erkannte, der Strahlungsdruck eine so gewaltige Größe erreichen, daß er von derselben Größenordnung werden kann wie der ebenfalls ungeheuere Gravitationsdruck.

Eine rein theoretische Überlegung führte nun EDDINGTON zu einer sehr bedeutungsvollen Erkenntnis. EDDINGTON berechnete für Gaskugeln, deren Dichte er so groß wie in den Riesensternen ansetzte, das zwischen Strahlungsdruck und Gravitationsdruck bestehende Verhältnis in seiner Abhängigkeit von der Masse der Gaskugel. Es zeigte sich, daß dieses Verhältnis mit der Masse wächst, um schließlich Eins zu werden, daß aber bei einer Masse von Grammen oder Kilogrammen oder auch von Millionen oder Billionen oder Trillionen oder selbst Quadrillionen von Kilogrammen der Strahlungsdruck gar keine Rolle neben dem Gravitationsdruck spielt. Erst wenn die Masse der Gaskugel ungefähr einer Quintillion Kilogramm gleich wird, wird der Strahlungsdruck gleich einem Zehntel des Gravitationsdrucks. Bei einer Masse, die hundertmal so groß ist wie die zuletzt angegebene, die also 100 Quintillionen Kilogramm beträgt, wird der Strahlungsdruck aber bereits gleich vier Fünfteln des Gravitationsdruckes. Eine solche Gaskugel kann offenbar nicht mehr sehr stabil sein, da ja der Strahlungsdruck von innen nach außen gerichtet ist, dem Gravitationsdruck also entgegenwirkt und somit, etwa bei dem Hinzutreten einer Zentrifugalkraft, die Gaskugel leicht auseinandersprengen kann.

Aus der EDDINGTONschen Theorie folgt also, daß ein ungefähres Gleichgewicht zwischen Strahlungsdruck und Gravitationsdruck bei genügender Stabilität nur dann vorhanden ist, wenn die Masse der Gaskugel von geringer Dichte gerade zwischen etwa einer und etwa hundert Quintillionen Kilogramm liegt. Nun beträgt aber die Masse der Sonne zwei Quintillionen Kilogramm, so daß also das angegebene Intervall ungefähr zwischen der halben und der fünfzigfachen Sonnenmasse liegt. Die früher besprochene ungefähre Gleichheit der Sternmassen findet so durch die EDDINGTONsche Theorie eine plausible Erklärung.

Auch noch zu einem anderen sehr bedeutungsvollen Ergebnis führte die EDDINGTONsche Theorie. Danach hängt die höchste Temperatur, die ein Stern im Laufe seiner Entwicklung überhaupt zu erreichen vermag, von seiner Masse ab. Je größer die Masse ist, desto heißer wird der Stern auf dem Höhepunkt seiner Entwicklung. Um es bis zu einem Heliumstern zu bringen, muß ein Stern, wie aus der EDDINGTONschen Theorie folgt, eine Masse haben, die etwa siebenmal so groß ist wie die der Sonne. Sterne von Sonnenmasse erreichen nur das Stadium der Wasserstoffsterne. Wenn die Masse eines Sternes weniger als etwa ein Zehntel der Sonnenmasse beträgt, so kann er überhaupt nicht die Temperatur von 3000° erreichen, die zu seinem Sichtbarwerden notwendig ist. Dadurch ist eine untere Grenze für die Masse eines sichtbaren Sternes gegeben, während eine obere Grenze für die Sternmassen überhaupt dadurch bedingt ist, daß der mit der Masse wachsende Strahlungsdruck einen Stern von zu großer Masse auseinandersprengen müßte.

Je kleiner die Masse eines Sternes ist, um so geringer ist nach der EDDINGTONschen Theorie seine Lebensdauer, in einer um so kürzeren Zeit vollzieht sich seine ganze Entwicklung. Von der ungefähren Lebensdauer eines Fixsternes können wir uns aber auf Grund unserer Erfahrungen im Sonnensystem eine beiläufige Vorstellung bilden, und zwar auf Grund zweier Sätze der modernen Physik, die in früheren Vorträgen besprochen wurden.

Eine obere Grenze für das Alter der Sonne ergibt sich nämlich auf Grund des relativitätstheoretischen Satzes von der Trägheit der Energie, wonach jede Energieabgabe seitens eines Körpers zugleich dessen Masse vermindert. Nun kann man aber die Wärmemenge, die einem Quadratzentimeter der Erdoberfläche seitens der Sonne in einer bestimmten Zeit zugestrahlt wird, leicht messen[17], und hieraus kann unter Zugrundelegung des bekannten Abstandes zwischen Erde und Sonne berechnet werden, daß die Sonne in jeder Sekunde eine Wärmemenge ausstrahlt, die imstande wäre, eine Trillion Tonnen Wasser vom Schmelzpunkt bis zu dem Siedepunkt zu erhitzen.[18]

Aus dem Satze von der Trägheit der Energie ergibt sich nun, daß infolgedessen die Masse der Sonne in jeder Sekunde um etwa vier Millionen Tonnen abnehmen muß[19]. Dies würde in zehn Jahren eine Verminderung der Masse um den ungefähr billionsten Teil bedeuten. Nun dürfte aber in früheren Zeiten die Masse der Sonne kaum wesentlich größer gewesen sein als heute (was ja schon aus der früher besprochenen ungefähren Gleichheit aller Sternmassen folgt); und auch die Strahlung der Sonne war wohl früher eher intensiver als heute, sicherlich aber nicht wesentlich schwächer. Älter als zehn Billionen Jahre könnte daher die Sonne kaum sein. In der Tat können wir die obere Grenze noch viel tiefer ansetzen, weil offenbar nur ein kleiner Bruchteil der Sonnenmasse das Äquivalent der ausstrahlbaren Energie darstellt. Wir werden vielleicht nicht fehlgehen, wenn wir mit NERNST[20] als obere Grenze des Sonnenalters hundert Milliarden Jahre ansetzen.

Andererseits kann aber das Alter der Sonne nicht geringer sein als das Alter der Erde, und für dieses können wir wiederum eine untere Grenze aus den Erscheinungen des radioaktiven Atomzerfalls ableiten. Wie schon in einem früheren Vortrag erwähnt wurde, wandelt sich alles Uran allmählich in ein stabiles Bleiisotop um, das sich indessen von „gewöhnlichem" Blei im Atomgewicht unterscheidet. In der Tat findet sich nun in allen Uranmineralien Blei eingeschlossen, und eine Atomgewichtsbestimmung dieses Bleis läßt es ohne weiteres erkennen, wieviel davon erst aus dem Uran entstandenes Uranblei und wieviel gewöhnliches Blei ist, das von Anfang an das Uranmineral „verunreinigte".[21] Für den Gehalt der Uranmineralien an Uranblei ergeben die Analysen Werte zwischen 4 und 21%.

Aus der bekannten Halbwertszeit des Urans (vgl. den

fünften Vortrag) folgt nun, daß von einer gegebenen Menge Uran ein Prozent in ungefähr 80 Millionen Jahren zerfällt.[22] Da Blei das selbst inaktive Endprodukt der Umwandlungsreihe des Urans ist, so müßte somit in einem 80 Millionen Jahre alten Uranmineral 1% Uranblei enthalten sein. Es ergeben sich demnach Werte zwischen etwa 300 Millionen und 1500 Millionen Jahren für das Alter der Uranmineralien und somit auch für das Alter der geologischen Schichten, in denen sie gefunden wurden.

Mindestens $1^1/_2$ Milliarden Jahre dürften daher vergangen sein, seitdem sich auf der Erde eine feste Rinde gebildet hat. Da aber die Sonne jedenfalls wesentlich älter ist als die feste Erdrinde, so werden wir bei Berücksichtigung der früher angegebenen oberen Grenze mit NERNST wohl das Alter der Sonne zu ungefähr zehn Milliarden Jahren ansetzen können; und mit etwa zehn bis hundert Milliarden Jahren wird demnach auch die durchschnittliche Lebensdauer eines Fixsternes anzunehmen sein.

Durch die neuesten Forschungen über die Sterne sind so die Beziehungen zwischen der Astronomie und der Physik immer enger geworden. Es verdankt aber nicht nur die Astronomie den Fortschritten der Physik immer vollkommenere Forschungsmethoden. Auch umgekehrt erkennt die Physik immer mehr die Bedeutung, die für ihre eigenen Untersuchungen das unermeßlich reiche Tatsachenmaterial besitzt, das durch die astronomische Beobachtung erschlossen wird. Denn alles kosmische Geschehen beruht auf denselben Gesetzen wie alles irdische Experimentieren. Aber viele Erscheinungen, die ein von Menschen angestelltes Experiment kaum oder gar nicht hervorrufen könnte, offenbart uns die Sternenwelt in überwältigender Größe und Erhabenheit.

Achter Vortrag.

Das Weltall.

Die großen Fortschritte, die seit dem Beginne des 20. Jahrhunderts der Astrophysik beschieden waren, haben auch in der Frage des räumlichen Aufbaus des Universums neue Erkenntnisse ermöglicht und dadurch zu einer großartigen Erweiterung des astronomischen Weltbildes geführt.

Die notwendige Voraussetzung aller exakten Forschungen über den Bau des Weltalls ist die Möglichkeit zuverlässiger Entfernungsbestimmungen. Die in dem letzten Vortrag besprochene trigonometrische Methode versagt bereits bei Entfernungen von mehr als 200 Lichtjahren, und bis etwa zum Jahre 1914 konnten daher größere Entfernungen nur auf Grund statistischer Betrachtungen und nur sehr grob ermittelt werden. Aber seither ist die Astronomie um neue Methoden der Entfernungsbestimmung bereichert worden, die es heute erlauben, die Distanzen auch weiter entfernter Himmelsobjekte ziemlich genau zu bestimmen.

Zu diesen Methoden gehört vor allem die sogenannte spektroskopische Entfernungsbestimmung. Sie geht auf eine Entdeckung zurück, die die Astronomen bald nach der Erkenntnis des Unterschiedes zwischen Riesen- und Zwergsternen machten. Schon damals fiel es auf, daß bei den gelben Zwergen eine bestimmte Kalziumlinie besonders hell ist, während sie bei den gelben Riesen ganz schwach ist, und daß umgekehrt bei den gelben Riesen durch ihre Helligkeit eine bestimmte Strontiumlinie auffällt, die in den Spektren gelber Zwerge keine besondere Intensität besitzt.

ADAMS und KOHLSCHÜTTER haben dann systematisch

bei allen Sternen, bei denen die Entfernung trigonometrisch festgestellt und somit die absolute Leuchtkraft bekannt war, den Zusammenhang untersucht, der bei gegebenem Spektraltypus zwischen der Intensität einzelner Spektrallinien und der absoluten Leuchtkraft besteht. Dieser Zusammenhang ist dadurch bedingt, daß die Intensität der Spektrallinien außer von der Temperatur auch von der Dichte des Sternes abhängt, während andererseits bei gegebener Temperatur die absolute Leuchtkraft von der Oberfläche abhängt; die Oberfläche ist aber wieder bei gegebener Masse durch die Dichte bestimmt.

Seitdem nun ADAMS und KOHLSCHÜTTER den Zusammenhang zwischen Linienintensität und absoluter Leuchtkraft für die verschiedenen Spektraltypen ermittelt haben, besitzt die Astronomie eine neue Methode, die es ermöglicht, aus der Intensität der Linien die absolute Helligkeit zu bestimmen; ist aber einmal diese gegeben, so ist damit, weil ja die scheinbare Helligkeit ohne weiteres durch Beobachtungen festgestellt werden kann, auch die Entfernung bekannt. So ermöglicht es die neue Methode, die ADAMS und KOHLSCHÜTTER ausgebildet haben, *aus dem Spektrum eines Sternes seine Entfernung abzulesen.*

Eine andere neue Methode der astronomischen Distanzbestimmung benutzt die Eigenschaften einer merkwürdigen Gruppe von Sternen, die innerhalb einiger Tage oder Stunden *ihre Helligkeit periodisch ändern.* Diese Sterne werden als *Cepheiden* bezeichnet, weil der erste Stern dieses Typus, der bekannt wurde, der Stern Delta Cephei war.[1]

Besonders häufig sind solche Cepheiden in zwei dichten Sternansammlungen der südlichen Himmelskugel, die man als große und kleine MAGHELLANsche *Wolke* (letztere auch als Kapwolke) bezeichnet. An den Cepheiden der kleinen MAGHELLANschen Wolke hat nun Miss LEAVITT einen einfachen gesetzmäßigen *Zusammenhang zwischen der Größe der Periode und der scheinbaren Helligkeit* entdeckt; da man wohl annehmen kann, daß gegenüber der Entfernung, die die Wolke von uns hat, die Verschiedenheiten in den Entfernungen der einzelnen in der Wolke enthaltenen Sterne keine Rolle spielen, so besteht derselbe Zusammenhang, der durch das sogenannte LEAVITTsche *Gesetz* ausgedrückt wird, natürlich auch zwischen der Periodenlänge und der absoluten Helligkeit. (Nach dem LEAVITTschen Gesetz wächst die absolute Helligkeit linear mit dem Logarithmus der Periode.[2])

Wenn also auch nur für einen einzigen Cepheiden die Entfernung und infolgedessen die absolute Leuchtkraft bekannt sind, so läßt sich somit nach dem LEAVITTschen Gesetz für jeden Wert der Periodenlänge der zugehörige Wert der absoluten Leuchtkraft angeben. Bei einigen Cepheiden konnte die Entfernung nun tatsächlich bestimmt werden, und damit war die Möglichkeit vorhanden, für alle Cepheiden auf Grund des erwähnten Gesetzes die absolute Helligkeit und infolgedessen auch die Entfernung anzugeben. (Im übrigen folgt aus dem LEAVITTschen Gesetz, daß die absolute Helligkeit ungefähr die gleiche sein muß für alle Cepheiden, deren Periode nur etwa einen halben Tag oder noch weniger beträgt).

Durch die neuen Methoden der Entfernungsbestimmung hat nun das astronomische Weltbild eine ungeahnte Erweiterung erfahren. Schon die spektroskopische Methode ermöglichte es den Forschern, messend in Entfernungen zu dringen, die weit die Grenze überschreiten, die der trigonometrischen Methode gezogen ist. Während diese, wie schon erwähnt, nur etwa 200 Lichtjahre weit reicht, können durch die spektroskopische Methode die Entfernungen eigentlich für alle Sterne ermittelt werden, die wir einzeln zu sehen vermögen und die in ihrer Gesamtheit das sogenannte engere Sternsystem bilden. Die weitesten Entfernungen, die mittels der spektroskopischen Methode bei einzelnen Sternen festgestellt wurden, belaufen sich auf etwa 3000 Lichtjahre.

Die Zahl der Sterne unseres engeren Sternsystems läßt sich beiläufig abschätzen. Mit freiem Auge sind insgesamt etwa 5000 bis 6000 Sterne sichtbar,[3] also gleichzeitig höchstens 2000, wohl weit weniger, als ein Laie von vornherein glauben würde. In den großen modernen Fernrohren können ungefähr 30 Millionen Sterne gesehen werden, während die Gesamtzahl der Sterne, die mittels der großen Instrumente der Gegenwart einzeln photographiert werden können, auf etwa eine Milliarde geschätzt wird.

Daß indessen doch alle diese Sterne nur einen ganz kleinen Bruchteil sämtlicher vorhandenen bilden, beweist schon der

Anblick der Milchstraße. Bereits GALILEI hat gefunden, daß sich im Fernrohr die Milchstraße in einzelne Sterne auflöst; aber gleichwohl konnte auch mit den stärksten Fernrohren der Gegenwart keine vollständige Auflösung erzielt werden.

Wie in der Milchstraße, so offenbaren die Fernrohre ungeheure Sternansammlungen auch in den sogenannten kugelförmigen Sternhaufen. Sie erscheinen in schwachen Fernrohren als ausgedehnte, helle Flecke, während sie in stärkeren Fernrohren wenigstens teilweise in einzelne Sterne aufgelöst werden können. Fig. 15 (auf Tafel I) zeigt den Sternhaufen im Bilde des Herkules. Die Helligkeit der Sternhaufen nimmt gegen die Mitte zu, so daß im Inneren eine Auflösung in einzelne Sterne nicht mehr möglich ist. Insgesamt sind 86 kugelförmige Sternhaufen bekannt, ohne daß schon seit Jahrzehnten neue entdeckt worden wären; ihre Zahl kann daher nicht sehr groß sein.

Über die kugelförmigen Sternhaufen haben nun völlig neue und das astronomische Weltbild wahrhaft umwälzende Erkenntnisse die Forschungen gebracht, die seit dem Jahre 1916 der amerikanische Astronom SHAPLEY auf der Mount-WILSON-Sternwarte in Kalifornien angestellt hat. SHAPLEY entdeckte in einigen kugelförmigen Sternhaufen Cepheiden und war dadurch imstande, nach der früher angegebenen Methode die Distanzen dieser Haufen zu ermitteln. Für solche Haufen, in denen Cepheiden nicht wahrgenommen werden konnten, vermochte SHAPLEY die Entfernung wieder dadurch zu bestimmen, daß er die scheinbare Helligkeit der hellsten Sterne zu einem Mittelwert zusammenfaßte und diesen für die verschiedenen Haufen verglich. Je geringer diese Helligkeit ist, desto entfernter muß natürlich der Sternhaufen sein. Die Werte, die SHAPLEY für die Entfernungen der kugelförmigen Sternhaufen erhielt, betragen Zehntausende von Lichtjahren. Für den nächsten Sternhaufen (ω Centauri) fand SHAPLEY 21000, für den weitesten etwa 200000 Lichtjahre.

Bei einigen kugelförmigen Sternhaufen ist es auch möglich gewesen, über ihren inneren Aufbau einige Erkenntnisse zu gewinnen. Besonders eingehend ist der Sternhaufen untersucht

Fig. 15. Sternhaufen im Herkules.

Walter de Gruyter & Co., Berlin und Leipzig.

worden, der in dem MESSIERschen Katalog der Sternhaufen die Nummer 3 hat und der nach SHAPLEYS Berechnungen von uns etwa 50000 Lichtjahre entfernt ist. Aus dieser Entfernung und der bekannten scheinbaren Ausdehnung würde ein Durchmesser von etwa 500 Lichtjahren folgen. Bei der großen Entfernung können allerdings nur die hellsten Sterne einzeln nachgewiesen werden; unsere Sonne wäre in dieser Entfernung gerade noch mit den allerfeinsten astronomischen Hilfsmitteln erkennbar. Die Zahl der in diesem Haufen einzeln nachweisbaren Sterne dürfte etwa 40000 betragen, worunter 150 Cepheiden festgestellt wurden.

Viele unter den Sternhaufen zeigen sich wie unser engeres Sternsystem abgeplattet, und sehr merkwürdig ist es auch, daß die Hauptebenen dieser abgeplatteten Sternhaufen der Milchstraßenebene parallel sind, was die Zugehörigkeit der Sternhaufen zu dem Milchstraßensystem zu beweisen scheint. Gegen unser engeres Sternsystem weisen die Sternhaufen eine sehr große Geschwindigkeit auf; die meisten kommen auf uns zu, und zwar mit einer Geschwindigkeit, die zwischen 100 und 400 Kilometern in der Sekunde beträgt.

Alle kugelförmigen Sternhaufen liegen, wie SHAPLEYS Messungen ergeben, in einem Raume, den man sich als ein abgeplattetes Rotationsellipsoid zu denken hat, wobei die Sternhaufen gegen die Mitte zu dichter beisammen stehen als außen. Die Milchstraßenebene bildet zugleich eine Symmetrieebene für dieses Rotationsellipsoid. Die große Achse des Ellipsoids beträgt ungefähr 300000 Lichtjahre, und ebenso groß haben wir uns natürlich die Ausdehnung der Milchstraße zu denken. Die zur großen Achse senkrechte Achse ist etwa 150000 Lichtjahre lang.[4]

Innerhalb des Milchstraßensystems nimmt unser engeres Sternsystem mit der Sonne eine sehr exzentrische Stellung ein. Die Sonne liegt wohl ungefähr in der Milchstraßenebene, also in der Hauptebene, aber sie ist von der Mitte des Milchstraßensystems ungefähr 60000 Lichtjahre entfernt und teilt demnach den Durchmesser ungefähr im Verhältnis 1: 3.

Außer dem engeren Sternsystem, den kugelförmigen Sternhaufen und den fernen Sternwolken der Milchstraße kennt die Astronomie noch merkwürdige Gebilde, deren kosmische

Stellung noch unklar ist; es sind dies die sogenannten Spiralnebel. Sie erscheinen für das Auge oder die Beobachtung in schwachen Fernrohren als weiße Flächen, während sie in starken Apparaten eine spiralige Struktur aufweisen, die sich je nach der Neigung der Spirale gegen die Blickrichtung mehr oder minder deutlich offenbart. Besonders schön erscheinen der Andromedanebel (Fig. 16 auf Tafel II) und der Spiralnebel im großen Bären (Fig. 17 auf Tafel II).[5]

Die Gesamtzahl der Spiralnebel, die in einem modernen Teleskop wahrgenommen werden können, wird auf etwa eine Million geschätzt. Doch erscheinen die Spiralnebel keineswegs gleichmäßig über den Fixsternhimmel verteilt. Man findet sie fast gar nicht in dem Teil des Himmels, der sich an die Milchstraße anschließt. Besonders häufig sind sie in der Umgebung des Nordpols der Milchstraße, der nicht sehr weit von dem bekannten, hellen Sterne Arktur liegt. Auch sind die Spiralnebel auf der nördlichen Seite der Milchstraßenebene häufiger als auf der südlichen. Die Entfernung der Spiralnebel ergibt sich nach den neuesten Forschungen teils von derselben Größenordnung wie bei den kugelförmigen Sternhaufen, teils noch Hunderte mal so groß.[6]

Von der ungeheueren Größe der durch die moderne Astronomie festgestellten Entfernungen vermag uns die folgende Überlegung vielleicht eine Anschauung zu gewähren. Die Sonne ist bereits von so gewaltiger Größe, daß in den aus ihr hervorbrechenden Flammen, in den sogenannten Protuberanzen die Erde wie ein Sandkorn in einer Kerzenflamme verschwinden würde. Wir wollen uns nun ein Weltmodell denken, in dem diese ungeheuere Sonne bis zu der Größe eines Staubkörnchens von etwa $^1/_{10}$ mm Durchmesser verkleinert wäre. In einem solchen Modell wäre die mit freiem Auge gar nicht sichtbare Erdevon dem zentralen Staubkörnchen etwa 1 cm entfernt, und der äußerste Planet, der Neptun, der ebenfalls mit freiem Auge kaum mehr sichtbar wäre, etwa 30 cm. Der nächste Fixstern käme, wiederum in der Größe eines Staubkörnchens, erst in einer Entfernung von etwa zwei Kilometern, die hellen Sterne im Bilde des Orion in einer Distanz von etwa 150 km, aber erst in einem Abstand, der ungefähr dem Erddurchmesser gleich kommt, käme der nächste kugelförmige Sternhaufen. In diesem Weltmodell, in

Fig. 17. Spiralnebel im Großen Bären.

Fig. 16. Andromedanebel.

Walter de Gruyter & Co., Berlin und Leipzig.

dem die Sterne die Größe von Staubkörnchen hätten, wäre der Durchmesser der Milchstraße etwa zehn Erddurchmessern gleich.

Nur eines unter vielen Milliarden Staubkörnchen, und zwar ein dem Mittelpunkt weit entrücktes, wäre unsere Sonne, und nur ein verhältnismäßig kleiner Planet dieser Sonne wäre der Sitz des Menschengeschlechtes, dessen sogenannte „Weltgeschichte" in dem Lebenslauf der Erde verhältnismäßig keinen längeren Zeitraum erfüllt, als etwa eine Viertelstunde in dem Leben eines Menschen.

Stoßen wir nun, wenn wir zu immer Größerem und Größerem fortschreiten, auf eine Grenze, wie eine solche Grenze bei dem Fortschreiten zu immer Kleinerem und Kleinerem durch die Atome und die Elektronen gegeben ist? Die Atome sind ja nicht unendlich klein, sondern von endlicher Größe. Ist nicht auch umgekehrt, so müssen wir uns fragen, das Weltall endlich groß und keineswegs unendlich? Diese Frage hat seit den frühesten Zeiten in gleichem Maße die Philosophen wie die Naturforscher beschäftigt.

Obwohl die Laien meist der Ansicht zuneigten, daß es unendlich viele Himmelskörper geben müsse, hatten schon vor Jahrzehnten die Physiker und Astronomen erkannt, daß mit dem Gravitationsgesetz die Annahme eines unendlichen Universums unvereinbar ist.

Denken wir uns nämlich den Raum unendlich und gleichmäßig mit Sternen erfüllt, dann müßte nach dem klassischen Gravitationsgesetz auf jeden Himmelskörper von allen Richtungen eine ganz unbestimmbare Kraft wirken, und eine irgendwie stabile Anordnung, wie wir sie etwa in unserem Sonnensystem wahrnehmen, wäre dann ganz unmöglich. Denkt man sich aber andererseits das Weltall zwar räumlich unendlich, aber mit endlicher Sternenzahl, so müßte es wieder unverständlich bleiben, wieso sich die Sterne im unendlichen Weltall nicht verlieren. Unendlich kann also das Weltall nicht sein, irgendwie begrenzt kann man es sich indessen wohl auch kaum denken. Diese Schwierigkeiten vermochte nun EINSTEIN im Jahre 1917 auf Grund seiner Gravitationstheorie durch die Annahme zu überwinden, daß das Weltall zwar grenzenlos sei, gleichwohl aber ein endliches Volumen besitze.

Eine solche Annahme ist nur scheinbar paradox. Denn

eine Kreislinie hat ja auch keinen Anfang und kein Ende und dennoch eine genau bestimmbare Länge. Die Kreislinie ist trotz ihrer Unbegrenztheit endlich, weil sie gekrümmt ist. Ein Wanderer wird auf der Erdfläche auch nirgends eine Mauer oder einen Abgrund finden, der das Ende der Erde bedeutet; und doch hat die Erdfläche einen ganz bestimmten, endlichen Inhalt. Eine in der Erdfläche gezogene geodätische Linie hat, da sie (als größter Kugelkreis) in sich zurückkehrt, eine ganz bestimmte, angebbare Länge, die den Umfang der Erde darstellt und eben rund 40000 km beträgt. Als dreidimensionales Analogon würde der eindimensionalen Kreislinie und der zweidimensionalen Kugelfläche ein sogenannter sphärischer Raum entsprechen, der sich allerdings als völlig unzugänglich für die menschliche Anschauung erweist, der aber für eine abstrakt-mathematische Behandlung im Sinne der früher erwähnten RIEMANNschen Geometrie keine Schwierigkeiten bietet. (Nur hüte man sich vor allen aussichtslosen Versuchen, eine Anschauung zu erzielen; denn derartige Versuche führen immer wieder nur zu der grundfalschen Verwechslung von sphärischem Raum und Kugel.)

Durch das Relativitätsprinzip hat nun allerdings der Begriff des Raumes seine Selbständigkeit verloren. Aber auf Grund der wichtigen Erfahrungstatsache, daß die relativen Sterngeschwindigkeiten klein sind gegen die Lichtgeschwindigkeit, können wir doch mit einer gewissen Annäherung die MINKOWSKI-Welt in Raum und Zeit spalten, also doch näherungsweise von einem Raum sprechen, und diesen sieht nun EINSTEIN als sphärisch in dem eben angegebenen Sinne an, also als unbegrenzt bei endlichem Volumen und endlichem Umfang.

Der Gedanke, daß unser Weltall infolge einer vorhandenen Krümmung trotz seiner Grenzenlosigkeit dennoch endlich sein könnte, ist wohl gelegentlich schon vor EINSTEIN ausgesprochen worden. Aber bei EINSTEIN ist eben die Vorstellung einer Krümmung der Welt nicht willkürlich, sie ergibt sich notwendig aus seiner neuen Gravitationstheorie, indem die Krümmung nach einem bestimmten Gesetz durch die im Weltall verteilte Materie bedingt erscheint. Dadurch ergibt sich ein ganz bestimmter Zusammenhang zwischen der Weltkrümmung und der Weltmasse, und andererseits muß wieder die wechselseitige Anziehung zwischen den kleinsten Bleikugeln in einem irdischen Laboratorium von dem Umfang und der Masse der ganzen Welt abhängen, so daß sich in der Stärke der Anziehung diese beiden kosmologischen Konstanten offenbaren müssen. So führte die kosmologische Gravitationstheorie, die EINSTEIN in Erweiterung der allgemeinen Relativitätstheorie im Jahre 1917 schuf, zuerst zu bestimmten Werten für den Weltumfang und die Weltmasse.

Aus dieser Theorie ergeben sich nämlich zwei einfache Gleichungen, die insgesamt fünf Größen miteinander verknüpfen: zwei wohl bekannte, zwei unbekannte und eine, die ihrer Größenordnung nach abgeschätzt werden konnte. Indem man die beiden Gleichungen nach den beiden Unbekannten auflöste, konnten auch diese der Größenordnung nach abgeschätzt werden; die beiden Unbekannten sind nun aber eben der Weltumfang und die Weltmasse. Die beiden wohl bekannten Größen sind die Lichtgeschwindigkeit und die Gravitationskonstante, nämlich die universelle Konstante, die die Kraft angibt, mit der zwei Körper von der Masse eines Gramms einander in einer Entfernung von einem Zentimeter anziehen.[7] Die Größe, die nur abgeschätzt werden konnte, ist die mittlere Massendichte des Universums, also der Quotient aus der Gesamtmasse des Weltalls und seinem gesamten Volumen.

Die mittlere Massendichte des Universums wird nun derart ermittelt, daß man den Raum abschätzt, in dem die von uns beobachteten Fixsterne enthalten sind und ferner die Zahl dieser Fixsterne abschätzt; die mittlere Masse eines Sternes wird dabei rund der Sonnenmasse gleichgesetzt, und schließlich wird auch dem Umstande Rechnung getragen, daß die Sterne in Sternhaufen verteilt sind. So gelangte der Astronom DE SITTER zu dem Schlusse, daß die mittlere Massendichte des Universums etwa hundert Quadrillionen mal kleiner sei als die Dichte des Wassers. Dies nimmt nicht Wunder, wenn man sich vor Augen hält, wie gering die Lineardimensionen der Himmelskörper gegenüber den Abständen in der Sternenwelt sind.

Auf Grund dieser Schätzung DE SITTERS würde sich nun der Weltumfang zu ungefähr hundert Millionen Lichtjahren ergeben. Das klingt wohl ungeheuer; aber andererseits ist diese gewaltige Länge doch nur einigemal so groß wie nach den Schätzungen der Astronomen die Entfernung, die von uns die weitesten im Fernrohr sichtbaren Spiralnebel haben.

Die Weltmasse würde sich nach der Schätzung DE SITTERS zu ungefähr einer Quintillion Quadrillionen Gramm ergeben. Sie würde sich zu der Masse der Erde etwa so verhalten wie die Masse der Erde zu der eines Steines, und eine in einem früheren Vortrage schon erwähnte Proportion können wir somit zu einer für die Massen geltenden Doppelproportion erweitern, indem wir kurz sagen: Atom zu Stein wie Stein zu Erde wie Erde zu Weltall.

Noch eine interessante Frage ergibt sich aus den bisherigen Betrachtungen, nämlich die Frage nach der Gesamtzahl aller Atome im Universum oder, genauer gesagt, aller Elektronen als der letzten Bausteine der Materie. Da auf ein Gramm etwa eine Quadrillion von Elektronen kommt, so wäre die Gesamtzahl aller Elektronen von der Größenordnung einer Quintillion Oktillionen, also ungefähr zehn zur 78sten Potenz. Eine solche Zahl übersteigt natürlich alles menschliche Vorstellungsvermögen; aber gleichwohl zeigt eine einfache Betrachtung, daß in Gedanken diese Zahl rasch auf dem Wege der Kombinatorik erreicht werden kann.

Es ist ja bekannt, daß Bakterien die Eigentümlichkeit haben, sich durch Spaltung zu vermehren. Aus einem Bakterium werden nach Ablauf von etwa einer Stunde durch Teilung zwei, nach Ablauf von zwei Stunden sind es vier, und so fort. Wir denken uns nun etwa in einem Wasserglase ein einziges Bakterium; es habe eine Dicke von rund ein tausendstel Millimeter und eine doppelt so große Länge; es wiege also ungefähr den billionsten Teil eines Gramms. Ferner wollen wir annehmen, daß auf irgendeine Weise soviel Nahrung zugeführt werden könne, daß die Vermehrung nicht durch Nahrungsmangel beeinträchtigt werde. Dann wären nach 24 Stunden, also nach einem Tage, rund 16 Millionen Bakterien da; nach dem zweiten Tage wären es 300 Billionen; nach dem dritten Tage ungefähr 5000 Trillionen, was bereits einem Gewicht von Tausenden von Tonnen entsprechen würde. Im Verlaufe des sechsten Tages würde die Masse der vorhandenen Bakterien die Erdmasse überschreiten, im Verlaufe des siebenten Tages die Sonnenmasse, im Verlaufe des zehnten Tages würde das

Gewicht aller Bakterien das Gesamtgewicht des Weltalls erreichen, und im Verlaufe des elften Tages würde die Zahl aller Bakterien, die sich aus jenem einzigen entwickelt haben, so groß sein wie die Gesamtzahl aller Elektronen im Universum.

Ist also auch das Weltall ungeheuer groß, so erscheint es doch keineswegs unendlich; es erscheint vielmehr in seiner Größe mit menschlichen Gedanken erfaßbar. In der ungeheuren Stufenleiter, die von dem Atom bis zu dem Universum führt, erscheint freilich der Mensch höchst nebensächlich; aber wie gewaltig erscheint sein Geist, wenn es ihm trotz der Beschränktheit der menschlichen Sinne gelungen ist, in theoretischer Erkenntnis vorzudringen bis zu der Kleinheit der Atome und bis zu der Größe des Weltalls! Ein einheitliches System der Naturerklärung führt in dem modernen System der Physik von dem letzten Urteilchen bis zu dem Weltganzen.

Positive und negative elektrische Ladungen erscheinen heute als die Bausteine des Weltalls. Auf mannigfache Art sind sie zu Systemen angeordnet, die wir Atome nennen. Die Art der Anordnung bedingt die chemische Natur der Atome, deren innerer Bau wieder durch Quantenbeziehungen geregelt wird. Aus elektrischen Eigenschaften folgt der Schein einer mechanischen Masse. Infolge ihrer Ladung und ihrer Bewegung rufen die Elektronen ein elektromagnetisches Feld hervor, das räumlich-zeitlich periodisch ist. Der Raum ist daher von elektromagnetischen Wellen von den verschiedensten Schwingungszahlen erfüllt. Nur ein winzig kleiner Ausschnitt des Spektrums offenbart sich dem vollkommensten menschlichen Sinnesorgane, dem Auge, als Licht. Gesamtheitserscheinungen, bei denen eine große Zahl materieller Individuen beteiligt ist, bedingen die Phänomene der Wärme. Raum und Zeit aber, in denen sich alle Vorgänge abzuspielen scheinen, sind miteinander zu einer vierdimensionalen Mannigfaltigkeit verknüpft, deren Geometrie sich in der Erscheinung der Schwere äußert.

So enthüllt uns die neue Physik ein Naturbild von großer Einfachheit. In der Tat ist nicht die Natur kompliziert. Kompliziert war nur der Weg, der zu ihrer wahren Erkenntnis führte. Er war es, weil er seinen Ausgang nahm von den eng begrenzten Sinnen des Menschen und weil nur allmählich der theoretischen Physik die Loslösung von menschlichen Gesichtspunkten gelang.

Anmerkungen.

Anmerkungen zum ersten Vortrag.

[1] Das Reflexionsgesetz wurde schon im Altertum entdeckt, das Brechungsgesetz jedoch erst im 17. Jahrhundert von SNELLIUS aufgefunden.

[2] Während des 18. Jahrhunderts und in den ersten zwei Jahrzehnten des 19. Jahrhunderts standen einander Undulations- und Emissionstheorie gegenüber. Jene faßte das Licht als mechanische Wellen, diese faßte es substantiell auf und ließ es aus kleinsten Teilchen bestehen. Zu der Emissionstheorie hat wohl NEWTON den Grund gelegt, wenn er es auch absichtlich vermied, sich für eine bestimmte Hypothese zu entscheiden. Aber es wäre ganz verfehlt, wollte man deshalb NEWTONs Verdienste um die theoretische Optik gering schätzen. NEWTONS bedeutungsvolle Entdeckung der Periodizität des Lichtes ist unabhängig von allen speziellen Vorstellungen; ja, vom modernen Standpunkt aus muß sogar einer Theorie der Vorzug gegeben werden, die nur allgemein von Periodizität und nicht speziell von mechanischen Wellen sprach.

[3] Zwischen zwei gleichen Zuständen liegt jedoch nur dann eine volle Periode, wenn nicht nur die Zustände selbst gleich sind, sondern auch der Richtungssinn ihrer Änderungen gleich ist; mathematisch gesprochen, muß in beiden Fällen der zeitliche Differentialquotient der den Zustand messenden Größe dasselbe Vorzeichen haben.

[4] Diese Definition ist nicht ganz genau. Sie soll auch nur dem Laien den schwierigen modernen Begriff der Welle leichter verständlich machen. Wegen der genauen Definition vergleiche man etwa des Verfassers „Einführung in die theoretische Physik" (3. u. 4. Aufl.), § 42.

[5] Charakteristisch für diese Denkrichtung ist der Ausspruch von HUYGENS, daß man in der wahren Wissenschaft die Ursachen aller Wirkungen nur durch die Denkweise der Mechanik begreifen könne, wolle man nicht für immer auf jede Hoffung verzichten, überhaupt je etwas in der Physik zu verstehen. Sehr gefördert wurde die mechanisierende Tendenz der Physik durch die lange so einflußreiche Philosophie des DESCARTES.

[6] HUYGENS dachte sich die Lichtwellen ganz analog den Schallwellen der Luft und nahm sie auch gleich diesen longitudinal an.

[7] Die Lichtgeschwindigkeit beträgt 300000 km in der Sekunde; das Licht braucht daher ungefähr acht Minuten zur Zurücklegung des Weges von der Sonne zur Erde.

[8] Der Äther spielte eine große Rolle schon in der Naturphilosophie des DESCARTES.

[9] Im Gegensatz dazu nennt man Größen, die bei gegebener Skala durch Angabe einer einzigen Zahl schon bestimmt sind, Skalare. Die analytische Mechanik gründet sich auf die Tatsache, daß ein Vektor anstatt durch Angabe seines Betrages und seiner Richtung auch bestimmt werden kann durch Angabe von drei Skalaren, die seine Komponenten nach den drei Achsen eines räumlichen Koordinatensystems darstellen.

[10] Die Transversalität des Lichtes folgt aus der Tatsache, daß der ordentliche und der außerordentliche Strahl, in die ein Lichtstrahl bei der Doppelbrechung in einem Kristall gespalten wird, unter keinen Umständen, weder völlig noch teilweise, zur Interferenz gebracht werden können.

[11] Nach der Elastizitätstheorie können nämlich im Äther, wofern er flüssig ist, überhaupt nur longitudinale Wellen auftreten; transversale wären neben longitudinalen nur dann möglich, wenn man sich den Äther fest denkt. Will man longitudinale Wellen ganz ausschließen, so bleibt nichts anderes übrig, als sich den Äther überdies inkompressibel zu denken. Mit dieser Vorstellung ließ sich aber schwer die notwendige Annahme in Einklang bringen, daß der Äther der Bewegung der Himmelskörper keinen Widerstand entgegensetze.

[12] Näheres über den schwierigen Begriff des Verschiebungsstromes z. B. in des Verfassers „Einführung in die theoretische Physik" (3. u. 4. Aufl.), § 66.

[13] Es muß ausdrücklich von positiv elektrischer Ladung gesprochen werden, weil dadurch erst der Richtungssinn der Feldstärke festgelegt wird.

[14] WILHELM WEBER und sein Mitarbeiter KOHLRAUSCH maßen zunächst mittels eines Elektrometers die Ladung einer Leidener Flasche in elektrostatischem Maße und sandten dann den Entladungsstrom durch ein besonders konstruiertes (sogenanntes ballistisches) Galvanometer, mittels dessen sie die gesamte durch das Galvanometer geflossene Elektrizitätsmenge (als Zeitintegral der Stromstärke) in elektromagnetischem Maße bestimmen konnten.

[15] Es sind dies die sogenannte Dielektrizitätskonstante und die sogenannte magnetische Permeabilität. Die beiden Größen geben an, wie vielfach die (elektrische oder magnetische) Feldstärke in der Substanz verkleinert erscheint gegenüber dem Werte, den sie unter sonst gleichen Umständen im leeren Raume hätte.

[16] Diese Beziehung, die sogenannte MAXWELLsche Relation, sagt aus, daß die Dielektrizitätskonstante eines Mittels gleich ist dem Quadrate des Brechungsexponenten. Bei Gasen ist diese Beziehung sehr gut erfüllt, dagegen sehr schlecht bei Alkohol und namentlich bei Wasser, dessen Dielektrizitätskonstante 81 ist, während sein Brechungsexponent nur 1,33 beträgt. Vgl. Anm. 12 des dritten Vortrages.

[17] Dieses Instrument ist das sogenannte Bolometer; es beruht auf

der Tatsache, daß ein Platindraht seinen elektrischen Widerstand mit der Temperatur ändert.

[18] Elektrische Entladungswellen von nur 0,2 mm Wellenlänge wurden 1923 von NICHOLS und TEAR erzeugt und gemessen. Vor diesen Versuchen war das Gebiet der ultraroten Strahlen von dem der elektrischen Entladungswellen noch durch eine Lücke von etwa drei Oktaven getrennt.

[19] Diese Theorie stammt von dem Mineralogen BRAVAIS und wurde von ihm in der Mitte des 19. Jahrhunderts ausgebildet.

[20] In der Sprache der Experimentalphysik bezeichnet man die Farbe der Röntgenstrahlen, und zwar auf Grund ihres Durchdringungsvermögens, auch als Härte. Je geringer die Schwingungszahl, desto weicher nennt man die Röntgenstrahlen und umgekehrt.

[21] Vgl. das im fünften Vortrag über die Röntgenspektren Gesagte.

Anmerkungen zum zweiten Vortrag.

[1] DEMOKRIT selbst war ein Schüler LEUKIPPS.

[2] Eine mechanische Auffassung der Wärme findet sich bereits bei dem Philosophen ROGER BACO; im Beginne des 19. Jahrhunderts wurde die mechanische Wärmetheorie von RUMFORD neu begründet und durch bedeutungsvolle Experimente gestützt.

[3] Man bezeichnet dieses Umwandlungsverhältnis als das mechanische Wärmeäquivalent, bzw. das kalorische Arbeitsäquivalent. Eine Wärmemenge von einer Kalorie, die 1 g Wasser von 15° auf 16° C erwärmt, ist äquivalent der Arbeit, die verrichtet wird, wenn ein Gewicht von 427 g 1 m hoch gehoben wird.

[4] Der Satz von der Erhaltung der mechanischen Energie setzt allerdings voraus, daß die wirkenden Kräfte bestimmte Eigenschaften besitzen. Er ist erfüllt, wenn zwischen den Körpern des Systems nur Kräfte wirken, die die Richtungen der Verbindungslinien haben und die nur von der Distanz abhängen, was ja sowohl für Gravitationskräfte als auch für elektrische und magnetische Kräfte zutrifft. Der Satz von der Erhaltung der mechanischen Energie findet sich in exakter Form schon im 18. Jahrhundert bei LAGRANGE. Wie der Satz auch außerhalb des Gebietes der Mechanik (im engeren Sinne dieses Wortes) angewendet werden kann, das hat in exakter Weise zuerst HELMHOLTZ im Jahre 1847 gezeigt.

[5] Die Anfänge der kinetischen Gastheorie reichen allerdings bis auf DANIEL BERNOULLI zurück, der die Grundgedanken dieser Theorie schon in seiner 1738 erschienenen „Hydrodynamik" veröffentlichte.

[6] Diese Vorstellung stammt von JOULE (1851).

[7] Die klassische Gastheorie vergleicht die Gasmolekeln mit elastischen Kugeln, die infolge ihrer endlichen Ausdehnung ständig Zusammenstöße erfahren. Die Zahl der Zusammenstöße, die unter dieser Annahme eine Molekel in der Zeiteinheit erfahren würde, läßt sich aus der inneren Reibung berechnen. Sie würde für normalen Druck und normale Temperatur einige Milliarden in der Sekunde betragen. Nach der modernen

Auffassung, die in ihrer Anwendung auf die Gastheorie allerdings noch nicht in exakter Weise ausgestaltet worden ist, hätte es keinen rechten Sinne mehr, von Zusammenstößen zu sprechen. Die Molekeln wären winzigen Planetensystemen zu vergleichen, von deren Bestandteilen elektrische Kräfte ausgehen (siehe den fünften Vortrag). Zwischen den Molekeln würden also elektrische Kräfte wirken und sie aus ihren geradlinigen Bahnen ständig ablenken, um so stärker, je näher zwei Molekeln einander kommen. Die Bewegung der Molekeln würde daher (ohne scharfe Ecken) zickzackartig verlaufen.

[8] Diese Gesetzmäßigkeit wurde von BOYLE im Jahre 1660 erkannt und wird darum als BOYLEsches Gesetz (fälschlich auch als MARIOTTEsches Gesetz) bezeichnet.

[9] Diese Temperatur wurde künstlich von KAMERLINGH ONNES hergestellt unter Benutzung des LINDEschen Gegenstromapparates und mittels verflüssigten Heliums.

[10] Vor CLAUSIUS hat die molekularen Geschwindigkeiten, allerdings ungenau und auch falsch, schon JOULE berechnet.

[11] MAXWELLS Forschungen betrafen vor allem die innere Reibung der Gase und das Gesetz, nach dem die verschiedenen Werte der Geschwindigkeit auf die Molekeln eines Gases verteilt sind. Geschwindigkeitswerte sind um so seltener, je mehr sie von dem durchschnittlichen Werte abweichen.

[12] Die relative Größe der Molekeln, d. h. das Verhältnis der Massen verschiedener Molekeln zur Masse des Wasserstoffatoms war ja aus der Chemie schon lange bekannt.

[13] Die Masse der Wasserstoffmolekel beträgt $3{,}2 \cdot 10^{-24}$ g.

[14] Zwischen den drei sogenannten Zustandsgrößen Druck, Volumen und Temperatur besteht allerdings eine die drei Größen verknüpfende Gleichung in der Form der sogenannten Zustandsgleichung (die das Gesetz von BOYLE oder allgemeiner das von VAN DER WAALS ausdrückt). Kennt man daher zwei Zustandsgrößen, so ist damit stets auch die dritte gegeben.

[15] Nach dem Gesetze von AVOGADRO (1811) enthalten übrigens alle Gase bei gleichem Druck und gleicher Temperatur in einem bestimmten Volumen dieselbe Zahl von Molekeln. Auf 1 ccm bei Atmosphärendruck und einer Temperatur von 0^{0} C bezogen, beträgt diese Zahl 27 Trillionen.

[16] Diese Versuche betreffen das Phänomen der sogenannten Opaleszenz.

[17] Das im Jahre 1903 von SIEDENTOPF und ZSIGMONDY erfundene Ultramikroskop ermöglicht die Wahrnehmbarkeit von Teilchen, die im gewöhnlichen Mikroskop deshalb nicht mehr gesehen werden, weil sie kleiner als die Wellenlängen des sichtbaren Lichtes sind. Die ultramikroskopischen Teilchen (die also noch kleiner sind als etwa ein tausendstel Millimeter) erkennt man, obwohl sie nicht selbst in ihrer Gestalt sichtbar werden, mittels des Ultramikroskops daran, daß an ihnen vorbeigelangendes Licht gebeugt wird. Infolgedessen erscheinen die Teilchen, deren Gestalt eben unerkennbar bleibt, als kleine leuchtende Sterne.

[18] Die Wahrscheinlichkeit des M-Ereignisses könnte ja auch durch äußere Ursachen erhöht werden; es könnte etwa ein philologisch-historischer Vortrag über den Ursprung der Familiennamen MEIER und MÜLLER stattfinden, für den begreiflicherweise Träger dieser mit M anfangenden Namen ein besonderes Interesse hätten.

[19] Vgl. Anm. 11.

[20] Es war PROTAGORAS.

[21] In der Thermodynamik spielt eine wesentliche Rolle die Entropie, die bei umkehrbaren Vorgängen ungeändert bleibt, sonst aber stets zunimmt. Bis auf einen konstanten Proportionalitätsfaktor ist, wie BOLTZMANN erkannte, die Entropie identisch mit dem Logarithmus der Wahrscheinlichkeit.

Anmerkungen zum dritten Vortrag.

[1] Das genaue Atomgewicht des Sauerstoffs beträgt in bezug auf Wasserstoff 15,88; gewöhnlich wird jedoch als Einheit des relativen Atomgewichts nicht das des Wasserstoffs, sondern der (davon nur wenig verschiedene) sechzehnte Teil des Atomgewichts des Sauerstoffs benutzt.

[2] Als Richtung des Stromes wird diejenige bezeichnet, in der die positive Elektrizität fließt, oder, was dasselbe ist, die Richtung, die derjenigen entgegengesetzt ist, in der die negative Elektrizität fließt. Da es aber ganz willkürlich und lediglich konventionell ist, daß man die Glaselektrizität als positive und die Harzelektrizität als negative bezeichnet und es nicht umgekehrt tut, ist es natürlich auch rein konventionell, welche der beiden „Elektroden" man als Eintrittsstelle oder Anode und welche man als Austrittsstelle oder Kathode bezeichnet. — Die elektrolytische Zersetzung des Wassers stellt übrigens, wenn das Wasser zur Erhöhung seiner sehr geringen Leitfähigkeit angesäuert wird, nur einen sekundären Effekt dar; der primäre besteht dann in der Zersetzung der Säure.

[3] Auf Griechisch bedeutet das Wort Ion „der Gehende".

[4] Diese Vorstellung geht in ihren Anfängen auf GROTHUSS zurück (1805); sie hat ihre eigentliche Ausgestaltung in den fünfziger Jahren des 19. Jahrhunderts durch HITTORF und KOHLRAUSCH erfahren.

[5] Nach den elektrochemischen Gesetzen von FARADAY ist die in einer bestimmten Zeit elektrolytisch zersetzte Menge eines Stoffes vollkommen durch die Stromstärke bestimmt und dieser proportional; andererseits sind die Mengen, die von einem Strome von bestimmter Stärke aus verschiedenen Elektrolyten an den Elektroden ausgeschieden werden, chemisch äquivalent, d. h. sie verhalten sich wie die Quotienten aus Atomgewicht und chemischer Wertigkeit.

[6] Vgl. den fünften Vortrag.

[7] Als absolute elektrostatische Einheit der Elektrizitätsmenge wird diejenige Elektrizitätsmenge definiert, die auf eine gleich große in der Entfernung von 1 cm eine Kraft von einer Dyne ausübt. Eine Dyne ist aber die Kraft, die der Masse eines Gramms in einer Sekunde einen

Geschwindigkeitszuwachs von 1 cm/sec erteilt. Eine Dyne ist etwas größer als das Gewicht eines Milligramms.

[8] Die Masse eines Wasserstoffatoms ist nämlich gleich $1{,}6 \cdot 10^{-24}$ g (vgl. Anm. 13 des zweiten Vortrags). Die Kraft, die die Atome in einer Entfernung von 1 cm aufeinander ausüben, erhalten wir in Dynen, wenn wir diese Zahl zum Quadrat erheben und noch mit der universellen Gravitationskonstante multiplizieren, die $6{,}68 \cdot 10^{-8}$ absolute Einheiten beträgt. Die Kraft, die zwischen den Ladungen wirkt, finden wir, indem wir einfach die Zahl, die das elektrische Elementarquantum in absoluten Einheiten angibt ($4{,}77 \cdot 10^{-10}$), zum Quadrate erheben.

[9] Den Quotienten aus dem Quadrate der Ladung und dem Halbmesser muß man bei einer Flächenladung, um die elektromagnetische Masse selbst zu erhalten, noch mit $^2/_3$ multiplizieren und durch das Quadrat der Lichtgeschwindigkeit dividieren.

[10] Die Anfänge der Lorentzschen Theorie reichen bis zum Jahre 1880 zurück.

[11] Ein Beispiel für die Erzeugung erzwungener Schwingungen stellt auch die Tatsache dar, daß durch taktmäßiges Marschieren eine Brücke in heftige Schwingungen versetzt werden kann, weil die Periodizität des Marschierens mit der Periodizität der Eigenschwingungen der Brücke zusammenwirkt.

[12] Eine sehr gute Bestätigung findet die Elektronentheorie der Dispersion in der Tatsache, daß alle Substanzen sich gegenüber Wellen, deren Schwingungszahl mit einer Eigenfrequenz eines Elektrons nahe übereinstimmt, in optischer Hinsicht wie Metalle verhalten, d. h. solche Wellen werden besonders stark reflektiert und absorbiert. Man bezeichnet diese Erscheinung als selektive Reflexion und Absorption. Aus der Elektronentheorie der Dispersion folgt auch, daß der Begriff der Dielektrizitätskonstante schärfer gefaßt werden muß, als es bis dahin geschehen war. Daraus erklären sich auch die scheinbaren Abweichungen von der Maxwellschen Relation (s. Anm. 16 des ersten Vortrages).

[13] Man unterscheidet bei dem Zeeman-Effekt den Longitudinal- und den Transversaleffekt. Jenen nimmt man wahr, wenn man in der Richtung der magnetischen Kraftlinien blickt, diesen wenn man senkrecht zu den Kraftlinien sieht. Bei dem Longitudinaleffekt werden im einfachsten Falle die Spektrallinien in sogenannte Dublette, bei dem Transversaleffekt in sogenannte Triplette aufgelöst.

[14] Vgl. Anm. 2.

[15] Die Kanalstrahlen, die 1886 von Goldstein entdeckt wurden, gehen von der Kathode aus, aber in entgegengesetzter Richtung wie die Kathodenstrahlen. Damit die Strahlen austreten können, wird die Kathode in der Form kleiner Kanäle durchbohrt, woher auch der Name der Kanalstrahlen rührt. Den Kanalstrahlen sind die später entdeckten Anodenstrahlen verwandt, die von der Anode selbst ihren Ausgang nehmen.

[16] Man denke an die bekannten Eigenschaften einer Stromspirale (eines Solenoids).

[17] Die Vorstellung der Molekularströme geht auf Ampère zurück,

der zuerst durch sie (ohne sie sich allerdings konvektiv zu denken) den Magnetismus zu erklären suchte (1822).

18 Nach ihrem magnetischen Verhalten teilt die Experimentalphysik die Körper in drei verschiedene Klassen ein. Als diamagnetisch bezeichnet sie Substanzen, die von einem Magneten abgestoßen werden, als paramagnetisch solche, die von einem Magneten angezogen werden, und eine Gruppe von Stoffen, die ganz besonders stark paramagnetisch sind, nennt sie ferromagnetisch; zu letzteren gehören vor allem das Eisen (daher der Name), das Nickel, das Kobalt und auch, wie HEUSLER im Jahre 1901 entdeckte, gewisse Legierungen von an sich unmagnetischen Metallen, z. B. eine Legierung von Kupfer, Mangan und Aluminium. Die drei Arten von Magnetismus erklärt die Elektronentheorie durch die Annahme, daß in den Molekeln aller Substanzen mehrere Elektronen kreisen, derart, daß sie infolge verschiedenen Umlaufssinnes einander in ihren magnetischen Wirkungen ganz oder nahezu kompensieren. Bei diamagnetischen Substanzen soll diese Kompensation vollständig sein, solange kein äußeres Magnetfeld vorhanden ist. Tritt ein solches auf (etwa infolge der Annäherung eines Magneten), so hat dies das Entstehen von Induktionsströmen zur Folge, die sich über die Molekularströme lagern und deren Umlaufssinn unabhängig ist von dem des Molekularstromes, über den sie sich lagern. Die Kompensation wird dadurch unvollständig, und daher verhält sich unter dem Einfluß des äußeren Magnetfeldes die Molekel nun selbst wie ein kleiner Magnet. Aus der sogenannten Regel von LENZ folgt, daß die Induktionsströme solchen Umlaufssinn haben müssen, daß der derart erzeugte kleine Magnet von dem großen abgestoßen wird. Bei paramagnetischen Substanzen soll die Kompensation schon von Haus aus unvollständig sein; doch sollen diese von Haus aus vorhandenen kleinen Magnete ganz ungeordnet durcheinander liegen und daher nach außen hin keine merklichen Wirkungen ergeben. Dies ändert sich jedoch unter dem Einflusse eines äußeren Magnetfeldes, das die kleinen Magnete ordnet. Ist der Paramagnetismus stärker als der Diamagnetismus, der eine Eigenschaft aller Materie ist, so wird die Substanz von einem Magneten nicht abgestoßen, sondern angezogen. Der Ferromagnetismus wird schließlich von der Elektronentheorie durch die Annahme besonderer Molekularkräfte erklärt.

19 Dazu gehört vor allem die von PIERRE CURIE entdeckte Tatsache, daß Eisen, Nickel, Kobalt bei bestimmten, für die einzelnen Metalle verschiedenen Temperaturen den Ferromagnetismus verlieren. Dieser sogenannte CURIE-Punkt liegt z. B. für Eisen bei 750° C, für Nickel bei 375° C. Die Theorie erklärt diese Tatsache durch die Annahme, daß sich bei dem CURIE-Punkt die Molekularkräfte, die den Ferromagnetismus bedingen, plötzlich ändern. Aus dieser Annahme folgt, daß bei dem CURIE-Punkt auch eine sprunghafte Änderung der spezifischen Wärme eintreten müsse und daß die Größe dieses Sprunges wieder mit den magnetischen Eigenschaften zusammenhängen müsse. Dies ist in der Tat durch die experimentellen Untersuchungen bewiesen worden.

[20] Dieser Effekt wurde von dem amerikanischen Physiker BARNETT nachgewiesen.

[21] Radius heißt der Strahl.

[22] Die Herstellung metallischen Radiums ist allerdings erst im Jahre 1910 Frau CURIE gelungen.

[23] Scintilla heißt der Funke.

[24] Man bringt dazu vor das radioaktive Präparat eine mit einer kleinen Öffnung versehene Blende aus einer für α-Strahlen undurchlässigen Substanz. Die Öffnung macht man so klein, daß durch sie nur solche α-Strahlen austreten können, deren Auftreffen auf den Schirm im Mikroskop beobachtet werden kann. Dann berechnet man, welcher Bruchteil der gesamten α-Strahlung durch diese Öffnung hindurchgeht. (Dazu braucht man ja nur die Größe der Öffnung und ihren Abstand von dem Präparat zu wissen.) Indem man die Lichtblitze zählt, die man innerhalb einer bestimmten Zeit im Mikroskop wahrnimmt, kann man dann leicht ermitteln, wieviel α-Teilchen in der betreffenden Zeit von dem Präparat überhaupt ausgesendet werden.

[25] Man ladet dazu eine Metallplatte durch die radioaktive Strahlung positiv, indem man die gleichzeitig mit den α-Strahlen ausgesandten β-Strahlen durch magnetische Ablenkung ausschaltet.

[26] Das Gas Helium wurde zuerst in der Atmosphäre der Sonne entdeckt (daher der Name; Helios = Sonne), später auch in der irdischen Atmosphäre.

[27] Es ist für die radioaktive Strahlung ganz gleichgültig, ob das Präparat Radiumbromid oder Radiumchlorid ist.

[28] Die Atomgewichte von Uran, Thorium und Radium betragen (auf Sauerstoff = 16 bezogen) 238, 232, 226.

[29] Die Kräfte sind ja nach dem COULOMBschen Gesetz dem Quadrate der Entfernung umgekehrt proportional.

[30] Daß z. B. auch die Radiumemanation ein Element ist, folgt daraus, daß sie ein charakteristisches Spektrum besitzt.

[31] Es war eine schon längere Zeit bekannte Tatsache, daß die Ionen der Luft Kondensationskerne für Wolkennebel darstellen.

[32] RUTHERFORD wurde zu seiner Theorie durch Beobachtungen geführt, die sich auf die Streuung von α-Strahlen durch dünne Metallfolien bezogen.

[33] Das von THALES begründete Problem des Urstoffes bildete den Ausgangspunkt der hellenischen Philosophie.

Anmerkungen zum vierten Vortrag.

[1] Die mechanischen Vorgänge sind dadurch bestimmt, daß für sie (bei einer bestimmten Art der Variation der Bewegung) die Wirkung ein Minimum darstellt; die Wirkung wird aber bestimmt durch das Zeitintegral der Differenz zwischen kinetischer und potentieller Energie.

[2] Der Gegensatz zu vollkommen schwarz ist vollkommen spiegelnd.

[3] Eine notwendige Voraussetzung für die Gültigkeit des KIRCH-

HOFFschen Gesetzes ist allerdings das Bestehen von sogenanntem thermodynamischem Gleichgewicht, in dem alle Körper, die zu dem betrachteten System gehören, gleiche Temperatur oder wenigstens keine merklich verschiedene haben.

[4] In dieser Begründung spielt eine wesentliche Rolle der Strahlungsdruck. Aus der MAXWELLschen Theorie folgt nämlich, wie schon MAXWELL selbst erkannte, daß ein Körper, auf den elektromagnetische Wellen auftreffen, durch diese einen Druck erfahren muß, der sich als Lichtdruck, allgemeiner gesprochen, als Strahlungsdruck äußert. Die Existenz des Lichtdrucks ist auf experimentellem Wege zuerst im Jahre 1901 von LEBEDEW mit Hilfe von sehr leichten Spiegeln im äußerst luftverdünnten Raume nachgewiesen worden.

[5] Diese Temperatur, bei der die sichtbare Glut einsetzt, ist, wie zuerst DRAPER erkannte, für alle Körper dieselbe; dies ist wiederum eine Folge des KIRCHHOFFschen Gesetzes.

[6] Die Verteilung der Energie über die Stufen des Spektrums wird durch andere Formeln beschrieben, wenn man die Abstufung nicht nach Wellenlängen, sondern nach Schwingungszahlen vornimmt.

[7] Aus dem WIENschen Gesetz würde eine Sonnentemperatur von etwa 6000° C folgen, falls die Sonne als schwarzer Körper angesehen werden darf. Auch aus dem STEFANschen Gesetz kann die Sonnentemperatur unter der gleichen Voraussetzung berechnet werden. Denn man kann ja die Erwärmung messen, die eine von den Sonnenstrahlen getroffene schwarze Fläche von gegebener Größe in gegebener Zeit erfährt. Dadurch kann die gesamte von der Sonne in einer Sekunde ausgestrahlte Energiemenge und hieraus wieder nach dem STEFANschen Gesetz die Sonnentemperatur berechnet werden. Auch auf diesem Wege gelangt man zu einer Temperatur von etwa 6000°.

[8] Die WIENsche Konstante beträgt 0,294 cm/grad.

[9] Das eine Gesetz wurde von WIEN aus seinem Verschiebungsgesetz abgeleitet; es gilt nur für das ultraviolette Spektrum oder für tiefe Temperaturen. Das andere Gesetz hat RAYLEIGH aufgestellt; es gilt nur für das ultrarote Spektrum oder für hohe Temperaturen.

[10] Die schwierigen, eine große Genauigkeit erfordernden experimentelle Untersuchungen, die die Unrichtigkeit der früheren Strahlungsgesetze und die Richtigkeit des PLANCKschen erwiesen, wurden vor allem von RUBENS und PASCHEN durchgeführt.

[11] Es ist zu beachten, daß die Masse des Atoms nur halb so groß ist wie die der Molekel.

[12] Das in der modernen Physik allgemein mit h bezeichnete elementare Wirkungsquantum beträgt $6{,}5 \cdot 10^{-27}$ erg $\times$ sec; vgl. Anm. 7 des dritten Vortrages. Ein Erg ist gleich der Arbeit, die eine Kraft von einer Dyne auf einem Wege von einem Zentimeter leistet; etwa 98 Millionen Erg sind gleich einem Kilogramm-Meter.

[13] Für die Erscheinungen der Fluoreszenz gilt das Gesetz von STOKES, demzufolge die Schwingungszahl des Fluoreszenzlichtes nie größer ist als die des erregenden Lichtes.

[14] Das EINSTEINsche Gesetz besagt, daß ein Lichtquantum des

auftreffenden Lichtes gleich sei der Bewegungsenergie eines bei dem lichtelektrischen Effekt losgelösten Elektrons plus der Arbeit, die zu seiner Loslösung aufgewendet werden muß.

[15] Dieser Wert beträgt 5,94 Kalorien. Vgl. Anm. 3 des zweiten Vortrages.

[16] Bei Zimmertemperatur beträgt die Atomwärme des Diamanten nur 1,7 cal; bei -50^0 C, wie schon im Jahre 1875 entdeckt wurde, 0,7 cal. Bei -187^0 ist die Atomwärme des Diamanten nur 0,03 cal, bei -250^0 0,00 cal; d. h. bei dieser tiefen Temperatur ist trotz einer Genauigkeit der Messungen, die sich auf die zweite Dezimalstelle erstreckt, die Existenz einer spezifischen Wärme nicht mehr feststellbar. Der Abfall der spezifischen Wärme bei tiefen Temperaturen wurde in der neuesten Zeit dann natürlich auch bei anderen Stoffen festgestellt. So beträgt z. B. bei dem Kupfer, das sich bei Zimmertemperatur normal verhält, bei -186^0 die Atomwärme nur mehr 3,38, bei -240^0 0,54, bei -250^0 0,22 cal. Die experimentellen Untersuchungen über das Verhalten von Körpern bei tiefsten Temperaturen wurden hauptsächlich von KAMERLINGH ONNES in Leiden und von NERNST und seinen Schülern in Berlin durchgeführt.

[17] Für jeden festen Grundstoff läßt sich rein theoretisch eine sogenannte charakteristische Temperatur bestimmen. Nur wenn die Temperatur, bei der die Messungen angestellt werden, ziemlich größer ist als die charakteristische Temperatur, gilt nach der neuen Theorie das DULONGsche Gesetz. Nun liegt für die meisten festen Grundstoffe diese charakteristische Temperatur unter dem Schmelzpunkt des Eises, bei Diamant liegt sie hingegen bei etwa 1700^0.

[18] Wie die spezifische Wärme nähert sich bei sehr tiefen Temperaturen auch der sogenannte Ausdehnungskoeffizient dem Werte Null.

[19] Auf keinem Gebiete physikalischer Messungen ist ein solcher Grad von Genauigkeit erreichbar wie in der Spektroskopie. Spektroskopische Größen lassen sich oft bis auf ein Millionstel ihres Wertes, manchmal noch genauer angeben.

[20] Diese Gesetzmäßigkeiten wurden vor allem bei den Alkalimetallen (Lithium, Natrium, Kalium, Rubidium, Cäsium) von KAYSER und RUNGE aufgefunden.

[21] Siehe REICHE, „Die Quantentheorie, ihr Ursprung und ihre Entwicklung" (Berlin, Springer, 1921), S. 221.

[22] Es ist der mit 2π multiplizierte Drehimpuls, der gemessen wird durch das Produkt aus Masse, Bahnhalbmesser und linearer Geschwindigkeit. Ist der Drehimpuls gegeben, so lassen sich alle übrigen bei der Bewegung eine Rolle spielenden Größen durch die Beziehung berechnen, daß die nach dem COULOMBschen Gesetz berechnete elektrische Anziehung der Zentrifugalkraft entgegengesetzt gleich sein muß.

[23] Umgekehrt absorbiert das Wasserstoffatom aus einer auffallenden Strahlung nur Wellen von solchen Schwingungszahlen, die der BALMERschen Formel genügen. Dabei geht das negative Elektron (umgekehrt wie bei der Emission) aus einem durch die Zahl m bestimmten Anfangszustand in einen durch die Zahl n bestimmten Endzustand über.

[24] Die rote Linie ist identisch mit der FRAUNHOFERschen Linie *C*, die blaue mit der FRAUNHOFERschen Linie *F*.

[25] Im Emissionsspektrum hat man bisher nur die ersten zwanzig Linien in GEISSLERschen Röhren beobachtet; die weiteren Linien sind nur in den Spektren von Nebelsternen gefunden worden. Im Absorptionsspektrum wurden hingegen auch bei Laboratoriumsversuchen bis zu fünfzig Linien festgestellt.

[26] Die ultraviolette Serie wurde 1914 von LYMAN entdeckt, die durch Übergang in den dreiquantigen Zustand entstehende ultrarote Serie 1909 von PASCHEN und die durch Übergang in den vierquantigen Zustand erzeugte 1922 von BRACKETT.

[27] Das Helium ist deshalb für die theoretische Physik so wichtig, weil es, wie schon erwähnt, neben Wasserstoff der leichteste und daher offenbar auch einfachste Grundstoff ist.

[28] Die eine der Serien war von dem Astronomen PICKERING im Spektrum eines Sternes entdeckt worden, zwei andere von FOWLER in den Spektren von GEISSLERschen Röhren. Die verschiedenen Serien des Wasserstoffs und Heliums werden gewöhnlich nach ihren Entdeckern benannt.

[29] Diesen Nachweis hat PASCHEN (1914) erbracht.

[30] Man denke daran, wie die Störungen der Planetenbahnen zunächst als Mängel der NEWTONschen Gravitationstheorie angesehen wurden, bis LAPLACE durch die exakte Ausbildung der Störungstheorie den Nachweis dafür erbrachte, daß die vermeintlichen Abweichungen in Wirklichkeit Bestätigungen des NEWTONschen Gravitationsgesetzes sind.

[31] Das Heliumatom denkt sich die Theorie bestehend aus einem Kerne, der mit zwei positiven elektrischen Elementarquanten nach außen wirkt und aus zwei negativen Elektronen, die den Kern umkreisen. Gibt das neutrale Heliumatom ein negatives Elektron ab, so erscheint es nach außen hin mit einem positiven Elementarquantum geladen oder „ionisiert" (vgl. den dritten Vortrag). In dem ionisierten Heliumatom kreist also ebenso wie in dem Wasserstoffatom nur ein einziges negatives Elektron, das demnach durch keine anderen mitkreisenden Elektronen gestört wird; daher sind die Verhältnisse dann ebenso einfach wie bei dem Wasserstoffatom. Die Ladung des Kernes ist allerdings doppelt so groß wie bei dem Wasserstoffatom, weshalb nach der BOHRschen Theorie in den Formeln für die Heliumserien die RYDBERGsche Konstante noch mit dem Quadrat von zwei multipliziert erscheint.

[32] Der gemeinschaftliche Schwerpunkt zweier Körper liegt in deren Verbindungslinie und teilt deren Distanz im umgekehrten Verhältnis der Massen.

[33] So erhielt MILLIKAN den Wert von $4{,}774 \cdot 10^{-10}$ elektrostatischen Einheiten (vgl. Anm. 7 und 8 des dritten Vortrages). Haben die Teilchen einen kleineren Halbmesser als etwa ein tausendstel Millimeter, so zeigt sich allerdings die MILLIKANsche Methode nicht mehr anwendbar.

[34] Ein Gramm-Atom eines einwertigen Stoffes würde in einer Sekunde bei einer Stromstärke von 96494 Ampère abgeschieden. Unter einem Grammatom eines Stoffes versteht man soviel Gramm, als das Atomgewicht beträgt (es wiegt z. B. ein Grammatom Wasserstoff 1,008 g usw.).

[35] Die Masse des Wasserstoffatoms beträgt eben $1{,}662 \cdot 10^{-24}$ g. — In einem engen Zusammenhange steht mit dieser Konstanten die sogenannte LOSCHMIDTsche Zahl; sie gibt es an, wieviel Atome eines beliebigen Stoffes in einem Grammatom dieses Stoffes enthalten sind. Die LOSCHMIDTsche Zahl stellt also die Zahl dar, durch die man das in Grammen ausgedrückte Atomgewicht eines Stoffes dividieren muß, um die tatsächliche Masse seiner Atome zu erhalten. Die LOSCHMIDTsche Zahl beträgt 606 tausend Trillionen.

[36] Die Masse des negativen Elektrons beträgt $9{,}00 \cdot 10^{-28}$ g.

[37] Der genaue Wert des elementaren Wirkungsquantums ist $6{,}545 \cdot 10^{-27}$ erg sec.

[38] Vgl. des Verfassers gemeinverständlichen Aufsatz „Die LOSCHMIDTsche Zahl und die modernen Methoden ihrer Bestimmung" (Die Naturwissenschaften, Bd. 9, 1921, S. 180—184).

Anmerkungen zum fünften Vortrag.

[1] Die Entdeckung der seltenen Metalle wurde erst durch die Erfindung der Spektralanalyse möglich.

[2] Die Edelgase (mit Ausnahme der Emanation) wurden gegen das Ende des 19. Jahrhunderts von RAMSAY in der Atmosphäre entdeckt.

[3] Vgl. Anm. 20 des ersten Vortrags.

[4] Die M-Serie wurde von SIEGBAHN entdeckt, die N-Serie zuerst von DOLEJSEK nachgewiesen. Übrigens hat bereits BARKLA in der von ihm entdeckten Eigenstrahlung eine härtere „K-Strahlung" und eine wesentlich weichere „L-Strahlung" unterschieden. Daß die M- und die N-Serie nur bei Elementen mit hohem Atomgewicht festgestellt wurden, erklärt sich daraus, daß sie bei anderen Elementen in die Lücke zwischen ultraviolettem Licht und Röntgenstrahlen fallen (vgl. den ersten Vortrag).

[5] Direkte, mittels der Kristalle ausgeführte röntgenspektroskopische Messungen ermöglichten es, die natürliche Reihe der Grundstoffe von dem Natrium bis zu dem höchsten Element, dem Uran, festzustellen. Indirekte Messungen von charakteristischen Wellenlängen in dem Grenzgebiet zwischen Röntgenstrahlen und ultravioletten Strahlen gestatteten es andererseits, den Gang der Spektren von dem Natrium abwärts bis zu dem Grundstoff mit dem zweitkleinsten Atomgewicht, dem Helium, zu verfolgen.

[6] Trägt man als Abszissen die Ordnungszahlen der Elemente auf, als Ordinaten hingegen die Quadratwurzel aus der Frequenz einer bestimmten Linie, so ergibt die Verbindung der Punkte mit sehr großer Annäherung eine gerade Linie.

[7] Eine einfache Gesetzmäßigkeit, die diese Zahlen verknüpft, ist leicht erkennbar. Es ist $2 = 2 \times 1 \times 1$; $8 = 2 \times 2 \times 2$; $18 = 2 \times 3 \times 3$; $32 = 2 \times 4 \times 4$.

[8] Auf Grund der chemischen Periodizität läßt sich auch ohne weiteres der chemische Charakter der fünf unbekannten Elemente voraussagen: Das 43. und das 75. Element müssen Homologe des Mangans sein,

das 61. eine seltene Erde, das 85. ein Halogen und das 87. ein Alkalimetall.

Vor der Aufstellung der neuen BOHRschen Theorie des periodischen Systems wurden sechzehn seltene Erden angenommen, die mit den Ordnungszahlen 57—72 in die Vertikalreihen IIIa und IVa eingereiht wurden. Die neue BOHRsche Theorie führte zu der Erkenntnis, daß das damals noch unbekannte Element Nr. 72 ein Homologes des Zirkons sein müsse, also nicht eine seltene Erde, während andererseits die seltenen Erden nur in der IIIa-Gruppe einzuordnen wären. In der Tat gelang es dann im Jahre 1922 COSTER und HEVESY, das 72. Element in Zirkonerzen zu entdecken; es erhielt zu Ehren der Stadt Kopenhagen, in der die Entdeckung erfolgte, den Namen „Hafnium".

[10] Bei Radium C findet eine Verzweigung der Umwandlungsreihe statt. Doch erfahren fast alle Atome, nämlich 9996 unter 10000, die in der Tabelle IV angegebene β-Umwandlung zum Ra C′ und nur 4 unter den 10000 eine α-Umwandlung zu einem als Ra C″ bezeichneten Stoffe, von dem dann eine β-Umwandlung zu dem Radium D führt.

[11] Die in Betracht kommenden Strahlen stammen eigentlich nicht direkt von dem Radium C, sondern von dem Radium C′, das sich ständig aus dem Radium C bildet (vgl. Tabelle IV).

[12] Gemeint ist ein Gramm Radium samt den darin enthaltenen, mit dem Radium im Gleichgewicht befindlichen Umwandlungsprodukten des Radiums, von denen aber nur das Radium C′ für die Kernzertrümmerung in Betracht kommt, weil nur das Radium C′ genügend rasche α-Strahlen emittiert.

[13] Daß es sich bei der Kernzertrümmerung im wesentlichen um einen explosionsartigen Vorgang handelt, der durch das α-Teilchen ausgelöst wird, beweist die Tatsache, daß die kinetische Energie eines fortgeschleuderten H-Teilchens bis zu 40% größer ist als die kinetische Energie des in den Kern geschossenen α-Teilchens. Besonders weitreichende H-Strahlen (mit einer Reichweite bis zu 90 cm) werden aus dem Aluminium ausgelöst.

[14] Es sind die Plätze von Nr. 81 (Thallium) bis Nr. 92 (Uran) mit Ausschluß der Lücken Nr. 85 und 87.

[15] Wie im dritten Vortrag erwähnt wurde, bewirkt auch ein magnetisches Feld eine Ablenkung von korpuskularen Strahlen, allerdings auf andere Art als ein elektrisches.

[16] Genauer gesagt, als ganzzahlige Vielfache des 16. Teiles der Masse eines Sauerstoffatoms. Vgl. Anm. 17.

[17] Die Atomgewichte der Reinelemente sind natürlich mit sehr großer Annäherung genau ganzzahlig. Die geringen Abweichungen erklären sich durch den in dem sechsten Vortrag zu besprechenden Satz von der trägen Masse der Energie. Der Energieaufwand, der zu der Bildung eines Atomkerns aus seinen Bestandteilen erforderlich ist, ergibt, durch das Quadrat der Lichtgeschwindigkeit dividiert, den „Massendefekt" des gebildeten Kerns gegenüber der Summe der Massen seiner Bestandteile. Deshalb ist die Masse des Heliumatoms kleiner als die vierfache Masse des Wasserstoffatoms. Umgekehrt kann aus der Differenz

die innere Energie des Heliumkerns berechnet werden; sie ergibt sich etwa dreimal so groß wie die kinetische Energie der raschesten α-Teilchen (die ja auch Heliumkerne sind).

[18] Mittels der ASTONschen Methode kann ein Isotop nachgewiesen werden, woferne es auch nur ein Promille des Mischelementes bildet.

[19] Die in der Chemie üblichen Trennungsmethoden müssen natürlich versagen.

[20] Eine Reindarstellung von Isotopen ist auf diesem Wege allerdings nicht zu erhoffen, weil mit fortschreitender Trennung die Ausbeute immer geringer wird.

[21] Die Tatsache der α-Strahlen spricht dafür, daß sich die Grundstoffkerne aus kleineren Aggregaten zusammensetzen, die ihrerseits aus positiven und negativen Elektronen gebildet sind. Ein α-Teilchen hätte man sich, da es die Ladung + 2 und die Masse 4 hat, aus 4 positiven und zwei negativen Elektronen bestehend zu denken.

[22] Die Zweiatomigkeit des Wasserstoffs, des Sauerstoffs, des Stickstoffs und der Halogene ergibt sich aus der Untersuchung der Volumverhältnisse bei gasförmigen Reaktionen auf Grund des AVOGADROschen Gesetzes (vgl. Anm. 15 des zweiten Vortrages). Es verbinden sich z. B. ein Liter Wasserstoff und ein Liter Chlorgas zu zwei Litern Chlorwasserstoffgas. Nach dem AVOGADROschen Gesetz müssen nach der Reaktion ebensoviel Chlorwasserstoffmolekeln vorhanden sein, als die Summe der vorhandenen Wasserstoff- und Chlormolekeln betrug. Da aber die Chlorwasserstoffmolekeln (wenigstens) aus je zwei Atomen bestehen müssen, nämlich einem Chlor- und einem Wasserstoffatom, so müssen auch die Molekeln dieser beiden Grundstoffe aus je zwei Atomen zusammengesetzt sein.

[23] Dreiatomiger Sauerstoff wird als Ozon bezeichnet. Dreiatomiger Wasserstoff wurde von J. J. THOMSON mittels der Kanalstrahlanalyse nachgewiesen.

Anmerkungen zum sechsten Vortrag.

[1] Da nach dem zweiten NEWTONschen Bewegungsaxiom durch die Kraft nicht die Geschwindigkeit, sondern nur die Geschwindigkeitsänderung bestimmt ist, so haben die Bewegungsgleichungen dieselbe Form für zwei gegeneinander gleichförmig bewegte Systeme. Es ist daher unmöglich, durch Beobachtung der Bewegungsvorgänge in einem System zu erkennen, ob das System gleichförmig fortschreitet oder nicht, und somit auch zu entscheiden, ob sich das System in Bewegung befindet oder ruht. Diese Tatsache bildet den Inhalt des den Physikern längst bekannten sogenannten mechanischen Relativitätsprinzips.

[2] Wegen der Einzelheiten des MICHELSONschen Versuches vergleiche man etwa die Darstellung in EINSTEINS gemeinverständlicher Schrift „Die spezielle und die allgemeine Relativitätstheorie" (Sammlung VIEWEG, Braunschweig, Heft 38).

[3] Daß die klassische Physik in mehrfacher Hinsicht an inneren

Widersprüchen krankte, haben noch vor der Aufstellung der Relativitätstheorie (in gewissem Sinne als deren philosophische Vorläufer) MACH und POINCARÉ in ihren viel verbreiteten erkenntnistheoretisch-kritischen Schriften dargelegt.

4 Daß die Vorstellung der absoluten Zeit zum Dogma wurde, ist zum großen Teil dem gewaltigen Einfluß NEWTONS zuzuschreiben.

5 Die Annahme, daß ein bewegter Stab verkürzt erscheine, hat schon vor der Aufstellung des EINSTEINschen Relativitätsprinzips LORENTZ zur Erklärung des MICHELSONschen Versuches gemacht. Man spricht darum auch von einer LORENTZ-Kontraktion.

6 Auch die klassischen Formeln für die Zusammensetzung von Geschwindigkeiten, wie der Satz vom Geschwindigkeitsparallelogramm, haben daher keine allgemeine Gültigkeit mehr.

7 Hat ein Körper gegenüber einem Beobachter, für den er ruht, die Masse m_0 (das ist seine sogenannte Ruhmasse); hat er ferner gegenüber einem zweiten Beobachter die Relativgeschwindigkeit v und bezeichnen wir die Lichtgeschwindigkeit mit c, so ist die Masse des Körpers für den zweiten Beobachter gleich $m_0/\sqrt{1 - v^2/c^2}$. Die Masse des bewegten Körpers erscheint also stets vergrößert.

8 Jedem Körper kommt also infolge seiner Masse bereits eine sogenannte Eigenenergie zu, die gleich ist dem Produkte aus seiner Ruhmasse und dem Quadrate der Lichtgeschwindigkeit. Gegenüber der Eigenenergie ist die sogenannte kinetische Energie (die natürlich nur eine relative Bedeutung hat) im allgemeinen verschwindend klein; selbst die Wucht einer abgeschossenen Gewehrkugel würde nur ungefähr den billionsten Teil ihrer Eigenenergie darstellen.

9 Der Massenverlust, der durch die Wärmeentwicklung bedingt ist, ist natürlich nicht zu verwechseln mit der Verminderung des Radiums selbst infolge der Bildung von Emanation.

10 Bezeichnen wir die drei räumlichen Koordinaten mit x, y, z, die Zeit mit t und die Lichtgeschwindigkeit mit c; bezeichnen wir andererseits die vier Koordinaten in einer vierdimensionalen Geometrie mit x_1, x_2, x_3, x_4; diese vier Koordinaten transformieren sich dann nach gewissen Formeln, wenn man das vierdimensionale Achsenkreuz dreht. Diese Transformationsformeln behalten nun nach der MINKOWSKIschen Interpretation des Relativitätsprinzips ihre Gültigkeit, wenn man in ihnen die vier Größen x_1^2, x_2^2, x_3^2, x_4^2 ersetzt durch die vier Größen x^2, y^2, z^2 und $-c^2 t^2$. Die Behauptung, daß es keine absolute Bewegung geben könne, erscheint vom MINKOWSKIschen Standpunkte aus gleichbedeutend mit der Aussage, daß in der MINKOWSKI-Welt keine Richtung irgendwie ausgezeichnet sein könne.

11 In der geographischen Breite von Wien beträgt die östliche Abweichung bei einer Fallhöhe von hundert Metern etwa $1^1/_2$ cm.

12 Besonders anschaulich ist das von EINSTEIN selbst gebrachte Beispiel des in einen großen Kasten irgendwo im Weltenraum eingeschlossenen Physikers. Der Kasten sei an einem Seil befestigt, das über eine Rolle führe und das mit konstanter Beschleunigung herabgezogen werde. Der in dem Kasten eingeschlossene Physiker, der nichts von der

Welt außerhalb des Kastens, nichts von der Rolle und nichts von dem Seil weiß, wird natürlich ein Schwerefeld feststellen (das sich, wenn wir uns den Kasten auf der Erde statt im Weltenraum denken, über das irdische Schwerefeld noch überlagert).

[13] Dabei ist natürlich vorausgesetzt, daß auf den Körper keine äußeren Kräfte wirken, zu denen wohl elektromagnetische, nicht mehr aber nach der neuen Auffassung sogenannte Gravitationskräfte zu zählen sind.

[14] Darum wird der Tensor als der metrische Fundamentaltensor bezeichnet.

[15] Falls die Rotverschiebung tatsächlich vorhanden ist, könnten bei Vervollkommnung der Messungen aus diesen wiederum Schlüsse über die Größe der Sterne gezogen werden.

[16] Die Hälfte des Effektes hatte EINSTEIN schon vor der Aufstellung der allgemeinen Relativitätstheorie im Jahre 1911 vorausgesagt, und zwar aus den beiden Sätzen von der Trägheit der Energie und von der Identität der trägen und der schweren Masse. Bereits im Jahre 1914 wollte eine deutsche Expedition bei einer im August 1914 in Südrußland eingetretenen Sonnenfinsternis den vorausgesagten Effekt beobachten; aber ihr Vorhaben wurde durch den Kriegsausbruch vereitelt.

Anmerkungen zum siebenten Vortrag.

[1] Die Entfernung eines Fixsternes wird gewöhnlich in der Form der sogenannten Parallaxe angegeben; diese ist definiert als der Winkel, unter dem von dem betreffenden Sterne der Radius der Erdbahn erscheint.

[2] Mit dem Buchstaben α wird der hellste Stern jedes Sternbildes bezeichnet.

[3] Als Einheit der Entfernung benutzt die moderne Stellarastronomie die „Sternweite“, die auch als „Parsec“ bezeichnet wird. Es ist dies die Entfernung, die einer Parallaxe von einer Bogensekunde entspricht. Eine Sternweite ist gleich $3^1/_4$ Lichtjahren oder etwa gleich 31 Billionen Kilometern.

[4] Diese Entfernung entspricht fünf Sternweiten oder einer Parallaxe von 0,2 Sekunden.

[5] Diese wichtige Erkenntnis geht auf HUGGINS (1863) zurück.

[6] In der geographischen Breite Mitteleuropas erblickt man das Sternbild der Leier im Beginn einer Sommernacht ungefähr im Zenit.

[7] Eine objektive Bedeutung kommt der Unterscheidung zwischen visuellen und spektroskopischen Doppelsternen natürlich nicht zu.

[8] Während die absolute Leuchtkraft von der Energiemenge abhängt, die in der Zeiteinheit seitens der Oberfläche eines Sternes ausgestrahlt wird, ist die scheinbare Helligkeit durch die Energiemenge bestimmt, die in der Zeiteinheit seitens des Sternes die Erde empfängt. Die Einteilung der Sterne in Größenklassen reicht bis in das Altertum zurück. Schon damals wurden die hellsten Sterne in die erste Größenklasse

zusammengefaßt, die schwächsten, mit freiem Auge eben noch sichtbaren Sterne bildeten die sechste Größenklasse, während die Sterne, deren scheinbare Helligkeit dazwischen lag, in die zweite, dritte, vierte und fünfte Klasse eingereiht wurden. Die Erfindung und Vervollkommnung der Fernrohre führte zu der Angliederung neuer Größenklassen in dieser auf Schätzungen beruhenden Skala; bei der großen, in den Jahren 1859 bis 1862 durchgeführten „Bonner Himmelsdurchmusterung" wurden derart über 300000 Sterne bis zur neunten Größe klassifiziert. Die späteren exakten photometrischen Messungen zeigten, daß in der auf Grund von Schätzungen errichteten Skala dem Unterschied von einer Größenklasse ziemlich genau ein scheinbares Helligkeitsverhältnis von 2,5 entspricht. In der modernen exakten Skala wird nun definitionsgemäß ein Unterschied um eine Größenklasse gleich gesetzt einem Helligkeitsverhältnis von 2,512, welche von 2,5 nur wenig verschiedene Zahl für die Rechnungen geeigneter ist, weil ihr in den Rechnungen stets benutzter Logarithmus genau gleich ist 0,4000; ein Unterschied um eine zehntel Größenklasse entspricht dann einem Unterschied des Helligkeitslogarithmus um 0,0400, und so fort. Als Ausgangswert der modernen Skala gelten die Sterne, die in der Bonner Durchmusterung die Größenklassifikation 5,5 bis 6,5 erhalten hatten und für die diese Größenbezeichnung beibehalten wurde. Für manche Sterne von sehr großer scheinbarer Helligkeit ergeben sich in dieser modernen Skala derart Größenwerte, die kleiner als Eins, ja sogar kleiner als Null sind, also negativ anzunehmen sind. So beträgt die scheinbare Helligkeit des Sternes Kanopus — 0,9, die des Sirius — 1,6, die der Sonne — 27. Während man mit freiem Auge nur Sterne bis zur sechsten Größenklasse sehen kann, können in den besten Teleskopen der Gegenwart auch noch Sterne der 16. Größe wahrgenommen werden; photographische Aufnahmen sind sogar bis zur 21. Größenklasse möglich. Die absolute Helligkeit eines Sternes wird bei Angabe in Größenklassen definiert als die scheinbare Helligkeit, die der betreffende Stern in einer Entfernung von zehn Sternweiten (32,6 Lichtjahren) hätte. Nach dieser Definition ist z. B. die absolute Größe unserer Sonne gleich 5, während die absolut hellsten Sterne etwa von der absoluten Größe minus vier sind.

[9] Bei Doppelsternen vom Algoltypus konnte natürlich schon früher der Durchmesser aus den Beobachtungen über die Verdunklung näherungsweise (unter gewissen vereinfachenden Annahmen) berechnet werden.

[10] Eine gemeinverständliche Schilderung der MICHELSONschen Methode findet sich in der Schrift von Elis STRÖMGREN, „Astronomische Miniaturen" (Deutsche Übersetzung bei SPRINGER, Berlin 1922).

[11] Die sogenannten Heliumsterne stellen die B-Klasse dar, die Wasserstoffsterne die A-Klasse. Bei den gelben Sternen bezeichnet man die gelblichen (z. B. Prokyon) als F-Klasse, die eigentlich gelben (z. B. Sonne oder Kapella) als G-Klasse und die tiefgelben (wie Arktur) als K-Klasse. Die roten Sterne gehören meist zur M-Klasse. Daneben gibt es noch andere Klassen, und innerhalb jeder Klasse werden wieder Unterklassen unterschieden, die durch Indizes gekennzeichnet werden. Die zunächst willkürlich erscheinende Wahl der Buchstabenbezeichnungen

erklärt sich daraus, daß ursprünglich die Klassen nach den fortlaufenden Buchstaben des Alphabets bezeichnet wurden, daß sich aber im Laufe der Zeit in der so gebildeten Reihe Auslassungen und Umstellungen als zweckmäßig erwiesen.

[12] Nähere Forschungen hierüber verdanken wir vor allem dem indischen Physiker MEGH NAD SAHA; vgl. hierüber z. B. „Die Naturwissenschaften", *9*, 1921, S. 863—872.

[13] Vgl. das im vierten Vortrag über das PLANCKsche Strahlungsgesetz und das WIENsche Verschiebungsgesetz Gesagte.

[14] Ein Vorläufer RUSSELS war bereits A. RITTER (1883).

[15] In objektiver Hinsicht kann daher von einem „Erlöschen" eines Sternes nicht gut die Rede sein.

[16] Vgl. Anm. 4 des vierten Vortrags.

[17] Die Wärmemenge, die durch die direkte Sonnenstrahlung ein Quadratzentimeter an der Grenze der Erdatmosphäre in einer Minute empfängt, ist gleich 3,0 Kalorien. An der Erdoberfläche selbst ist dieser Betrag wegen der Strahlungsabsorption in der Atmosphäre um ungefähr ein Drittel geringer.

[18] Die ständige Energiestrahlung der Sonne entspricht einem Effekt von mehr als einer halben Quadrillion Pferdestärken. Die von der Erde in einer bestimmten Zeit empfangene Energie ist allerdings zwei Milliarden mal kleiner als die in derselben Zeit seitens der Sonne ausgestrahlte Energie; aber sie entspricht immerhin noch einem Effekt von etwa 250 Billionen Pferdestärken.

[19] Die Masse der Sonne beträgt, wie schon erwähnt, zwei Quintillionen Kilogramm, bei einem Durchmesser von 1390000 km oder 110 Erddurchmessern. Bei der Anwendung des Satzes von der Trägheit der Energie, muß, damit die Masse in Grammen erhalten werde, die Energie in Erg und die Lichtgeschwindigkeit in cm/sec ausgedrückt werden.

[20] W. NERNST, Das Weltgebäude im Lichte der neueren Forschung, Berlin (SPRINGER) 1921.

[21] Da das Atomgewicht des Uranbleies (wie schon im fünften Vortrag erwähnt wurde) 206,05 beträgt und das des gewöhnlichen Bleies 207,2, so folgt z. B. bei einem festgestellten „Atomgewicht" des Bleis von 206,4, daß sich 70% des Bleis aus dem Uran gebildet haben und 30% von einer Verunreinigung herrühren.

[22] Der Bruchteil der jährlich zerfallenden Atome ergibt sich, indem der natürliche Logarithmus von zwei (0,693) durch die in Jahren ausgedrückte Halbwertszeit dividiert wird.

Anmerkungen zum achten Vortrag.

[1] Als veränderlich bezeichnet man alle Sterne, bei denen die scheinbare Helligkeit periodische Veränderungen aufweist. Diese Veränderungen sind bei den schon im siebenten Vortrag erwähnten Bedeckungsveränderlichen oder Algolsternen nur scheinbar, d. h. sie erfolgen bei diesen Sternen ohne eine Änderung der absoluten Leuchtkraft. Ein anderer Typus ver-

änderlicher Sterne wird durch den sogenannten Wunderstern im Walfisch (Mira Ceti) repräsentiert, dessen periodischer Helligkeitswechsel den Astronomen bereits vor der Erfindung des Fernrohrs auffiel. Dieser Stern hat eine ziemlich konstante Periode von etwa 300 Tagen; zur Zeit seiner größten Helligkeit ist er mit freiem Auge gut sichtbar, hingegen den längsten Teil der Periode hindurch so schwach, daß er mit freiem Auge nicht gesehen werden kann. Die moderne Astronomie kennt etwa 600 sogenannte Mira-Sterne; sie sind durchwegs von roter oder gelbroter Färbung. Als mögliche Ursache ihres Helligkeitswechsels wird angenommen, daß sie, wie die Sonne, auf ihrer Oberfläche dunkle Flecken aufweisen, die sie bei einer langsamen Umdrehung um ihre Achse uns zeitweilig zuwenden. Trifft diese Erklärung zu, so würde es sich also auch bei den Mira-Sternen nicht um eine tatsächliche Änderung der absoluten Leuchtkraft handeln. Eine solche wird hingegen bei den Cepheiden angenommen. Einem raschen Anstieg der Helligkeit folgt bei ihnen eine langsame Abnahme, und zugleich mit der Helligkeit ändern sich auch der Spektraltypus und die radiale Geschwindigkeit. Eine befriedigende Erklärung des Helligkeitswechsels der Cepheiden ist bisher nicht gelungen; am ehesten denkt man an eigenartige Pulsationen, die die Cepheiden ausführen. Zu den veränderlichen Sternen (im weiteren Sinne dieses Wortes) gehören auch die sogenannten neuen Sterne oder Novae. Es sind dies ursprünglich schwach leuchtende Himmelskörper, deren Helligkeit infolge einer einmaligen Störung plötzlich sehr stark anwächst (bisweilen in wenigen Tagen auf das 25000fache), um dann allmählich wieder abzunehmen. Nachdem schon im Altertum das Auftauchen neuer Sterne beobachtet worden war, erregte das allergrößte Aufsehen eine von Tycho Brahe im Jahre 1572 entdeckte Nova, die im Sternbild der Kassiopeia erschien. Diese sogenannte Tychonische Nova erreichte eine so große scheinbare Helligkeit, daß sie wie die Venus am hellen Tage sichtbar war; nach zwei Jahren war sie für das menschliche Auge und damit, weil es damals noch keine Fernrohre gab, für die astronomische Beobachtung völlig verschwunden. Ein sehr heller neuer Stern tauchte auch im Jahre 1918 im Sternbild des Adlers auf; er übertraf zur Zeit der größten Helligkeit die Wega an Glanz. Bei allen den neuen Sternen, die übrigens durchwegs auch einen merkwürdigen Farbenwechsel und einen fortlaufenden Wechsel des Spektraltypus offenbaren, handelt es sich natürlich nicht um das Entstehen neuer Himmelskörper, sondern nur um einen Anstieg von geringer zu sehr großer scheinbarer Helligkeit. So war auch der neue Stern des Jahres 1918 bereits vor seinem Aufleuchten auf photographischen Platten erkennbar; aber innerhalb einiger Tage stieg die scheinbare Helligkeit von der elften bis fast zur minus ersten Größenklasse.

[2] Vgl. Anm. 6 des fünften Vortrages.

[3] Die Zahl hängt von der individuellen Beschaffenheit des beobachtenden Auges ab.

[4] Schätzungen der Größe des Milchstraßensystems hatten schon früher die Astronomen vermittels statistischer Betrachtungen versucht; doch waren sie hierbei zu wesentlich kleineren Werten gelangt als Shapley.

[5] Von den Spiralnebeln sind die sogenannten echten Gasnebel zu

unterscheiden, die dem engeren Sternsystem angehören. Am bekanntesten sind unter ihnen der große Orionnebel und der Ringnebel in der Leier.

[6] Noch vor ganz kurzem hatte man die Spiralnebel für selbständige, dem Milchstraßensystem koordinierte Systeme in Entfernungen von durchwegs mehr als einer halben Million Lichtjahren gehalten. Durch allerneueste Forschungsergebnisse, die bei den gut sichtbaren Spiralnebeln zu weit geringeren Entfernungen führten, wurde diese Auffassung hinfällig und damit auch die Hypothese, daß unser ganzes Milchstraßensystem nur ein einziger Spiralnebel sei.

[7] Vgl. Anm. 8 des dritten Vortrags.

Chronologische Übersicht.

1820. OERSTED entdeckt den Elektromagnetismus.
1831. FARADAY entdeckt die Induktionsströme.
1833. FARADAY entdeckt das Grundgesetz der Elektrochemie.
1837. BESSEL bestimmt zuerst die Entfernung eines Fixsterns.
1842. DOPPLER entdeckt das nach ihm benannte Prinzip.
1842. MAYER und JOULE entdecken die Konstanz des Umwandlungsverhältnisses zwischen Wärme und mechanischer Arbeit.
1845. FARADAY entdeckt im Magnetismus eine universelle Eigenschaft aller Substanzen.
1856. WEBER findet eine elektrische Konstante gleich der Lichtgeschwindigkeit.
1857. CLAUSIUS begründet die neuere kinetische Gastheorie.
1859. PLÜCKER entdeckt die Kathodenstrahlen.
1859. KIRCHHOFF stellt das fundamentale Prinzip der Strahlungstheorie auf.
1860. KIRCHHOFF und BUNSEN begründen die Spektroskopie.
1865. LOSCHMIDT schätzt zuerst die Größe der Molekeln ab.
1866. BOLTZMANN erklärt die Irreversibilität vom Standpunkt der Molekularstatistik.
1869. Lothar MEYER und MENDELEJEFF entdecken das periodische System der Elemente.
1873. MAXWELL begründet die elektromagnetische Lichttheorie.
1876. ROWLAND beweist experimentell die Existenz der Konvektionsströme.
1879. STEFAN entdeckt das nach ihm benannte Strahlungsgesetz.
1881. J. J. THOMSON gewinnt den Begriff der elektromagnetischen Masse.
1885. BALMER entdeckt die Gesetzmäßigkeit des Wasserstoffspektrums.
1888. HERTZ bestätigt durch seine Versuche die MAXWELLsche Theorie.
1893. WIEN entdeckt das Verschiebungsgesetz.
1895. LORENTZ begründet die Elektronentheorie.
1895. RÖNTGEN entdeckt die nach ihm benannten Strahlen.
1896. BECQUEREL entdeckt die Radioaktivität.
1896. ZEEMAN entdeckt den nach ihm benannten magneto-optischen Effekt.
1898. Das Ehepaar CURIE entdeckt das Radium.
1900. PLANCK begründet die Quantentheorie.
1900. PLANCK gewinnt das allgemeine Strahlungsgesetz.
1900. PLANCK bestimmt das elementare Wirkungsquantum und berechnet zuerst genau die Wasserstoffatommasse und das elektrische Elementarquantum.

1900. Rutherford entdeckt die Emanation.
1902. Rutherford und Soddy stellen die Theorie des Atomzerfalls auf.
1903. Ramsay und Soddy weisen die Bildung von Helium aus Emanation nach.
1905. Einstein stellt das Relativitätsprinzip auf.
1905. Einstein entdeckt den Satz von der Trägheit der Energie.
1905. Einstein begründet die Vorstellung der Lichtquanten.
1905. Barkla entdeckt die charakteristische Strahlung der Grundstoffe.
1906. Nernst stellt den nach ihm benannten Wärmesatz auf.
1907. Einstein begründet die Quantentheorie der Wärme fester Körper.
1908. Minkowski schafft den Begriff einer vierdimensionalen, Raum und Zeit verknüpfenden Welt.
1910. Soddy begründet die Vorstellung der Isotopie.
1912. Laue entdeckt die Interferenz der Röntgenstrahlen in Kristallen.
1913. Die Bragg ermitteln die Struktur der Kristalle.
1913. Moseley begründet die Röntgenspektroskopie.
1913. Bohr begründet die Quantentheorie der Spektren und des Atombaus.
1913. Soddy und Fajans finden das Umwandlungsgesetz der Grundstoffe.
1914. Russel stellt seine Theorie der Sternentwicklung auf.
1915. Einstein begründet die allgemeine Relativitätstheorie.
1915. Sommerfeld erklärt die Feinstruktur der Spektrallinien.
1916. Eddington erklärt das innere Gleichgewicht der Sterne.
1916. Shapley ermittelt die Ausdehnung des Milchstraßensystems.
1917. Einstein stellt seine kosmologische Gravitationstheorie auf.
1919. Rutherford entdeckt die Bildung von Wasserstoff aus Stickstoff.
1919. Aston begründet die Massenspektroskopie.
1920. Erste Messung von Fixsterndurchmessern.
1921. Bohr erklärt das periodische System der Elemente vom Standpunkt der Quantentheorie.

Namenverzeichnis

(ohne Rücksicht auf die Anmerkungen).

Sachverzeichnis

(ohne Rücksicht auf die Anmerkungen).